Helmut Huber

Der Nachsuchenführer

Von der Arbeit mit dem Schweißhund

Leopold Stocker Verlag
Graz – Stuttgart

Umschlaggestaltung: Werbeagentur Rypka GmbH, 8143 Dobl/Graz,
www.rypka.at

Bildnachweis: Foto Umschlag-Vorderseite
und Fotos auf den Seiten 5, 18, 23, 26, 34, 35, 90, 143: Desiree Schweers

Alle übrigen Fotos wurden vom Autor zur Verfügung gestellt.

Bibliografische Information der Deutschen Nationalbibliothek
Die Deutsche Nationalbibliothek verzeichnet diese Publikation in der Deutschen Nationalbibliografie; detaillierte bibliografische Daten sind im Internet unter http://dnb.d-nb.de abrufbar.

Hinweis: Dieses Buch wurde auf chlorfrei gebleichtem Papier gedruckt. Die zum Schutz vor Verschmutzung verwendete Einschweißfolie ist aus Polyethylen chlor- und schwefelfrei hergestellt. Diese umweltfreundliche Folie verhält sich grundwasserneutral, ist voll recyclingfähig und verbrennt in Müllverbrennungsanlagen völlig ungiftig.

Auf Wunsch senden wir Ihnen gerne kostenlos unser Verlagsverzeichnis zu.

Leopold Stocker Verlag GmbH
Hofgasse 5/Postfach 438
A-8011 Graz
Tel.: +43 (0)316/82 16 36
Fax: +43 (0)316/83 56 12
E-Mail: stocker-verlag@stocker-verlag.com
www.stocker-verlag.com

ISBN 978-3-7020-1888-7

Layout und Repro: Ecotext-Verlag Mag. G. Schneeweiß-Arnoldstein, Wien
Druck und Bindung: Buch. Theiss, St. Stefan

Inhalt

Vorwort

„Wenn Dein Mut sich Dir verweigert,
geh über Deinen Mut hinweg!“
(Emily Dickinson)

Ich brauchte für dieses Buch viel Zeit, sehr viel Zeit, unzählige Male löschte ich, fing wieder an, um schließlich zu erkennen, dass alles nur Quatsch war, was da stand. Worte, die keine Sätze ergaben, Sätze, die so verdreht waren, dass sie keinen Sinn hatten.

Erlebnisse und Erinnerungen hatte ich genügend, die Leichtigkeit aber, sie in Worte zu fassen, war nicht mehr abrufbar.

Ich bat meine Frau, meine Kinder, aber auch Freunde, die überhaupt nichts mit der Jagd am Hut haben, meine Geschichten zu lesen. Ihr Nachfragen setzte mich nur unter Druck, es half mir nicht.

Orgo auf einer Wundfährte

„Dieses Buch gehört mit zu den besten Jagderzählungen, die es gibt!“ Mit solchen und vielen anderen Kritiken wurde ich für mein erstes Buch mit Lob überhäuft. Aber was hilft alles Lob und Wollen, wenn die Inspiration fehlt, wenn man nächtelang auf ein leeres Blatt Papier starrt und den Glauben an sein Können verloren hat. Hatte ich mit meinem ersten Buch nur ein Strohfeuer entfacht? Ich wollte keinen „One-Night-Stand“, ich dachte, dass ich Talent hätte, und jetzt war alles weg.

Lob war nie meine Motivation. Es hilft zwar, sich in einem nie dagewesenen Selbstbewusstsein als jemand Besonderes zu fühlen, aber ich wollte gar nicht jemand Besonderes sein. Ich wollte authentisch sein, jemand, mit dem man sich identifizieren kann, der anders schreibt, nämlich einfach.

So banal es klingen mag, der Verlust eines lieben Menschen, die Erinnerungen an ihn und die Verarbeitung des Schmerzes halfen mir, wieder den Glauben an mich selbst zu finden. Stundenlange spirituelle Gespräche mit meiner Frau fachten wieder ein Feuer in mir an.

Es öffneten sich Tore, die verschlossen gewesen waren, geistige Blockaden, die mir wie riesige Hindernisse meinen Geist nahmen, waren wie weggeblasen.

Ich fand wieder meine Inspiration.

So schrieb ich wieder über die alltägliche Arbeit als anerkannter Nachsuchenführer, über die Arbeit mit dem „roten Hund“, die viele meiner Kollegen tagtäglich tun.

Für mich ging schon mit meinem ersten Buch ein Traum in Erfüllung, ich wollte die Jägerschaft für die Nachsuche sensibilisieren. Und das will ich auch mit diesem zweiten Band. Jäger sollen nicht wegschauen, nicht sagen: „Ach, das Stück hat ja nur einen Kratzer!“

Nein, Jäger sollen Rückgrat zeigen, Achtung vor der Kreatur haben und sagen: „Jetzt brauchen wir einen Spezialisten, das sind wir dieser Kreatur schuldig.“

Mit meinem ersten Buch ist mir dies offensichtlich gelungen, es gab viele, die mich anriefen und sagten: „Ich konnte gar nicht mehr aufhören zu lesen, ich habe es an einem Tag gelesen, schade, dass es nur 144 Seiten hat!“

Ich bedanke mich an dieser Stelle bei allen Lesern und ihren zahlreichen begeisterten Rückmeldungen, denn sie waren der Grund für dieses weitere Buch.

Seit 15 Jahren bin ich anerkannter Nachsuchenführer in Bayern. Mit meinem Hannoverschen Schweißhund „Orgo“ habe ich jedes Jahr 100 bis 150 Nachsucheneinsätze (hauptsächlich Sauen und Rotwild). Mein Arbeitgeber hat für meine ehrenamtliche Tätigkeit im Sinne des Tierschutzes sehr großes Verständnis, hinzu kommt, dass mein Chef selbst Jäger ist. So habe ich die Möglichkeit, fast alle anfallenden Nachsuchen annehmen zu können. Mein Einsatzgebiet erstreckt sich vom Truppenübungsplatz Hohenfels in der Oberpfalz über die Bayerischen Forstbetriebe Allersberg und Rothenburg in Mittelfranken bis an die Weinberge in Unterfranken. In den „Schonzeitmonaten“ halte ich Referate in den Jägervereinigungen, Hegeringen und Jagdschulen zum Thema Nachsuche sowie zur Auswahl und Ausbildung von Nachsuchehunden.

Ich bin also ein Praktiker durch und durch, ich arbeite bereits mit dem zweiten Hannoverschen Schweißhund, davor habe ich einen Bayerischen Gebirgsschweißhund geführt. Von meinen Erfahrungen bei Nachsuchen, aber auch bei der Erziehung und Führung von Nachsuchehunden handeln meine Empfehlungen, Anregungen und Erzählungen.

Manche Geschichten mögen etwas übertrieben klingen, aber sie sind alle wahr. Selbst auf die Gefahr hin, dass eine Suche wie die andere klingt, ist jede für sich einzigartig und etwas Besonderes, denn es geht immer um ein Tier, das mit großen Schmerzen und Leid alleine in irgendeiner Dickung qualvoll sterben muss – oder noch schlimmer, nicht sterben kann.

Ich schreibe meine Erfahrungen und Erlebnisse auf, nicht weil ich ein Buch schreiben oder den Finger heben will, sondern weil ich zum Glück die Gabe habe, einen Hund so auszubilden, dass er unter extremen Bedingungen seine Fährte halten kann und wir beide als „Gefährten“ im Auftrag des Tierschutzes arbeiten. Nichts anderes treibt mich an als die Achtung vor der Kreatur und Weidgerechtigkeit!

Ein sehr kluger Mann, den ich nicht persönlich kenne, aber sehr schätze, sagte einmal: „Um ein Amt brauchst du dich nicht bewerben, es kommt auf dich zu!“ So ist dieses Amt auf mich zugekommen, nicht, weil ich mich darum beworben hätte, nein, einfach so. Jeder von uns hat eine Einzigartigkeit, und jeder hat ein Talent. Es liegt an jedem selbst, sein Talent herauszufinden und es zu fördern. Nicht was wir beruflich tun, spielt eine Rolle im Leben, sondern nur das, was wir aus freiem Antrieb tun, aus Überzeugung. Das Leben wird durch ein Wertesystem, ein Ethos bestimmt. Ich habe das Glück, so von meinem Wertesystem überzeugt zu sein, dass ich es auch lebe.

Ich bin nichts Besonderes, einfach nur einer von Ihnen. Auf jeden Fall ist eines meiner Talente der Hund, ich bin ein Rudelführer, der keine Worte braucht, um mit Hunden zu sprechen.

Ich werde Ihnen Geschichten erzählen, die ich mit meinem HS-Rüden Orgo in vielen Revieren erlebt habe, ich werde aber auch Tipps geben, wie Sie mit Ihrem Hund arbeiten können. Dabei spielt es überhaupt keine Rolle, welche Rasse Sie führen: Jeder von Ihnen, egal ob jung oder alt, ob Mann oder Frau, kann einen Hund ausbilden, wie Sie ihn haben wollen, Sie brauchen nur GEDULD!

Damit meine ich nicht, dem Hund irgendwelche Kunststücke beizubringen, nein, ausbilden bedeutet zusammenzuwachsen, sich zu vertrauen.

Sollte mir entgegengehalten werden, dass ein Buch niemals die Praxis ersetzen kann, so kann ich dem nur zustimmen. Aber mit meinen Erfahrungen möchte ich jene unterstützen, die bereits einen Welpen haben und sich manchmal fragen, ob sie alles richtig machen oder ob es auch andere Ansätze und Möglichkeiten gibt, seinen künftigen Nachsuchenhund bestmöglich auszubilden. Und für jene, die mit dem Gedanken spielen, sich einen Welpen zuzulegen oder Nachsuchenführer zu werden, kann es ein erster Einblick und eine Hilfe und Stütze sein.

Eines jedoch kann es auf jeden Fall: Mein Buch erzählt von der Praxis, und lernen kann man auch aus der Erfahrung und aus der Praxis anderer! Und es zeigt hoffentlich eindrucksvoll, dass die Ausbildung eines Nachsuchenhundes/Schweißhundes etwas völlig anderes ist als die eines Hühnerhundes.

In diesem Buch steckt unendlich viel Zeit, nehmen Sie sich die Zeit, um es aufmerksam zu lesen. Ohne meine Familie, meine beiden Jungs und meine Frau, die mir immer den Rücken freigehalten haben, damit ich seit Jahrzehnten meine Berufung leben darf, würde es dieses Buch nicht geben.

„Im Leben gibt es zwei Dinge, die man nicht vorhersagen kann, wie sie enden: eine Nachsuche und eine Ehe!“

Helmut Schock-Huber
Merkendorf, Sommer 2020

Die gerechte Ausbildung und Führung eines Schweißhundes

Was bedeutet eigentlich „gerechte Ausbildung?“ Ich verstehe im überlieferten Sinn darunter die artgerechte Führung eines Hundes, der intensiv als Jagdhund eingesetzt wird. Ein guter Jagdhund ist einer, der gesund ernährt wird, einer, der „sportlich“ topfit ist, einer, der auch mal in einer Winternacht nicht vor dem Ofen liegt, einer, der seinem Instinkt folgen kann, einer, der einen ausgeprägten Beutetrieb und Finderwillen hat, und einer, der scharf und anhaltend stellt. Vieles bringt er bereits bei seiner Geburt mit, das muss ich nur aus ihm herauslocken und fördern. Für das Übrige, wie Gesundheit, Sport und Vertrauen zueinander, bin ich verantwortlich.

Das erwartet Sie als Nachsuchenführer

Wenn Wild von einem Jäger angeschossen wird, so ist dieser verpflichtet, eine Nachsuche zu veranlassen, d. h. das Wild im Idealfall mithilfe eines Hundeführers mit einem gut ausgebildeten Nachsuchenhund zu verfolgen, zu finden und zur Strecke zu bringen. Ziel ist es, das verletzte Wild vor langem Leiden zu bewahren und möglichst rasch zu erlösen. Es geht aber auch um die Bergung von bereits verendetem Wild. Jagdgesetze sind zwar Ländersache und variieren von Bundesland zu Bundesland (egal ob in Deutschland oder Österreich), die Verpflichtung (bzw. das Gebot) für den Jäger zur Nachsuche ist jedoch überall enthalten.

In Deutschland gibt es den Begriff „anerkannter Nachsuchenführer“, in Österreich sind es die „Jagdgebrauchshundeführer“, die im Ehrenamt mit ihren ausgebildeten und vom jeweiligen Jagdhundeverband geprüften Hunden verletztes Wild suchen und tierschutzgerecht von seinem Leid erlösen. Und wie das so bei Ehrenämtern ist: Ohne Ihre absolute Begeisterung für die Sache brauchen Sie erst gar nicht mit dem Gedanken spielen, Nachsuchenführer zu werden.

Nachsuche – dieses Wort ist ein recht allgemeiner Begriff, der jedoch verschiedenste Facetten haben kann. Die Nachsuchen, die ich durchführe und in diesem Buch beschreibe, sind meistens solche auf Wildschweine und auf Rotwild. Manche Nachsuchen sind einfach, und das verwundete Wild ist bald gefunden. Es gibt aber auch immer wieder erschwerte Nachsuchen, und zwar meist, wenn es um Sauen geht. Diese sind das einzige wirklich wehrhafte Wild in Europa, und zwar besonders dann, wenn sie verletzt sind! Das kann nicht nur für Ihren Hund gefährlich werden, sondern auch für Sie!

Extrem lange dauernde Nachsuchen durch Dickicht und Dornengestrüpp können Sie als Nachsuchenführer schon mal an die Grenzen Ihrer physischen Leistungsfähigkeit bringen! Und vergessen Sie nicht, selbst nach solchen physischen Anstrengungen müssen Sie psychisch noch in der Lage sein, das leidende Tier zu erlösen bzw. im schlimmsten Fall mit einer annehmenden Sau zu kämpfen!

Als Nachsuchenführer bzw. Jagdgebrauchshundeführer in einer Gebirgsregion werden Sie zwar nicht das Problem mit Sauen haben (zumindest nicht häufig), bei Ihnen können jedoch andere Umstände zu erschwerten Nachsuchen führen: Kilometerlange Märsche bergauf und bergab, steiles oder gar felsiges Gelände oder auch extreme Wetterverhältnisse wie meterhoher Schnee oder plötzlich einsetzender Nebel u. Ä. sind für Gebirgsjäger Herausforderungen, die eine Nachsuche enorm erschweren können.

Wo Sie auch leben und jagen: Auf keinen Fall dürfen Sie sich diese zukünftige Aufgabe zu leicht vorstellen. Nachsuche bedeutet meistens nicht nur schnell 100 Meter im Wald für einen Freund ein angeschossenes Stück Wild zu suchen, um mehr oder weniger Bergehilfe zu leisten. Nachsuche kann auch oft totale Erschöpfung bedeuten. Kilometerlanges Durchschlagen in unwegsamem Gelände, durchgeschwitzte Klamotten, zerfetzte Jacken sind keine Seltenheit. Manchmal ist Ihr Gesicht wochenlang dornenzerkratzt, und Ihre Frau schämt sich, wenn sie mit Ihnen irgendwo hingehen will. Manchmal müssen Sie sogar mit Verletzungen oder Blutergüssen am ganzen Körper rechnen, weil Sie in steilem Gelände gestürzt sind oder ein Wildschwein Sie überrascht und durch die Büsche geworfen hat.

Nachsuchenführer zu sein kann Streit und Ärger mit Ihrer Frau bedeuten, weil Sie nie sagen können, wann Sie wieder nach Hause kommen. Und bedenken Sie bitte: Ein guter Nachsuchenführer wird zu vielen Nachsuchen gerufen werden!

Als guter Nachsuchenführer werden Sie dieser Sucht total verfallen, nach spätestens fünf erschwerten Nachsuchen werden Sie diesen Urinstinkt aufgesogen haben und sich danach sehnen, dass Ihr Handy klingelt und Sie zur Nachsuche gerufen werden.

Keiner, mit dem Sie darüber sprechen, wird Sie verstehen, jeder wird sagen, dass es keinen Spaß machen kann, mit einer angeschossenen Wildsau irgendwo in einer Dickung zu raufen oder über Stock und Stein eine angeschossene Gämse zu verfolgen.

Und ob das Spaß machen kann, wenn Sie es wollen! Nicht nur ein bisschen, nein, ein bisschen Nachsuchenführer zu sein, das gibt es nicht.

Deshalb rate ich Ihnen eindringlich: Bevor Sie mit Ihrer Familie die Entscheidung treffen, sich einen Nachsuchenhund zuzulegen und Nachsuchenführer zu werden, müssen Sie bereit sein, das alles auf sich zu nehmen.

Wenn nicht, holen Sie sich einen kleinen süßen Welpen, der einfach nur Ihr Jagdbegleiter wird. Daran ist nichts Negatives, nicht jeder Mensch kann und will das auf sich nehmen. Für ein angeschossenes Wildschwein in einer Dickung geht es um Leben und Tod. Es kostet schon Überwindung, auf allen Vieren in eine Brombeerhecke zu kriechen, in der Ihr Hund eine 60 Kilogramm schwere Sau stellt. Mut ist das sicher nicht, es ist das Wollen, es ist der uralte Trieb, Beute zu machen. Es geht um Gemeinsamkeit, es geht darum, Gefährten zu sein, miteinander zu jagen und miteinander Beute zu machen. Ihr Hund wird alles für Sie tun, wenn er weiß, dass Sie sein Gefährte sind.

Worte zu lesen, die spannend geschrieben sind, ist einfach. Aber können Sie sich auch vorstellen, in diese Dickung hineinzukriechen? Ja? Na, dann kann es losgehen, werden Sie Nachsuchenführer!

Welche Rasse?

Grundsätzlich ist es völlig egal, welche Hunderasse Sie führen! Mit Ihrer Leidenschaft und Ihrem unbedingten Willen bringen Sie jeden Welpen dazu, nach einer langen Ausbildung eine erschwerte Nachsuche zu meistern.

Ich schreibe bewusst nicht über den Schweißhund, sondern über Nachsuchenhunde, ich schreibe über Nachsuchenführer, nicht über Schweißhundeführer. Ganz bewusst stelle ich mich nicht hin und halte, wie Sie es so oft lesen oder hören, das Fähnlein der etablierten Schweißhundefraktion hoch, obwohl ich überzeugter Hannoverscher Schweißhundemann im Verein Hirschmann bin.

Ob Sie einen Dackel oder einen Wachtelhund, einen Deutsch Drahthaar oder Retriever führen, ist völlig egal. Wichtig ist, er muss gültige Papiere haben!

Ohne diese elementare Voraussetzung können Sie nie ein anerkannter Nachsuchenführer (bzw. Gebrauchshundeführer in Österreich, diese sind dann regionsweise sogenannten Bereichshundestationen zugeteilt) werden. Sie werden nie die Möglichkeit haben, Ihrem Hund die Anzahl an Suchen zu bieten, die er braucht, um firm zu werden und zu bleiben. In den meisten Bundesländern können Sie mit einer „Schwarzzucht" nicht einmal die Brauchbarkeitsprüfung (Anlagenprüfung in Österreich) ablegen, geschweige denn eine Verbands-Schweißprüfung.

Das ist leider so, in Deutschland braucht man unbedingt einen „Zettel", auch wenn dieser an und für sich noch nichts über die zukünftige Qualität des Nachsuchenhundes aussagt. In Österreich ist es ähnlich, zwar können auch Hunde ohne Papiere zu hervorragenden Nachsuchenhunden ausgebildet werden, eine Gebrauchshunde-Prüfung oder gar die Zucht für den Verband, also damit man Papiere für die Welpen bekommt, ist allerdings auch nur „mit Zettel“ möglich.

Ein gutes Beispiel sind die sogenannten „Heideterrier“, diese sind von keinem Jagdhundeverband anerkannt, sind aber gefragte Meute- und Stöberhunde bei Jägern, die viel auf Wildschweine jagen.

Wie auch immer, manche Dinge darf man nicht hinterfragen, sie sind nicht änderbar, hier und jetzt zumindest nicht. Da das Jagdhundewesen bzw. der Einsatz von Jagdgebrauchshunden im jeweiligen Landesjagdgesetz festgelegt ist und es beinahe für jede Jagdhunderasse eigene Vereine gibt, die Prüfungs- und andere Bestimmungen für die jeweilige Rasse festlegen, informieren Sie sich am besten im jeweiligen Landesjagdverband über die zuständigen Stellen. Einen groben Überblick von Adressen und grundlegenden Informationen über die Bestimmungen in Deutschland, Österreich und der Schweiz finden Sie ab S. 140.

Nach welchen Kriterien treffen Sie also Ihre Auswahl? Ich bin der Ansicht, Ihr Hund findet Sie, nicht umgekehrt. Die wichtigste Frage, die Sie sich stellen müssen, ist: Welche Rasse passt zu mir, zu meinem Revier und zu meiner Familie?

Sprechen Sie mit Ihrer Familie offen darüber, bestimmt haben Sie ja schon einen Favoriten, nehmen Sie sich Zeit, und wenn Ihre Frau oder Ihre Kinder diese Rasse nicht kennen, schauen Sie sich mit ihnen Bilder im Internet an. Glauben Sie mir, jeder Zuchtverband schreibt sich auf seine Fahne, dass diese bestimmte Rasse total familienfreundlich und kinderlieb ist. Alles Quatsch! Familienfreundlich und kinderlieb wird der Hund nur durch Ihre Erziehung. Kein Welpe wird „familienfreundlich“ geboren. Lassen Sie die Finger von Züchtern, die solche Behauptungen aufstellen, das hat nichts mit Leistungszucht zu tun. Ebenso brauchen Sie keinen Welpen, der Ihnen von einem Händler irgendwo in Europa für viel Geld vermittelt wurde. Kein Jagdhundewelpe mit anerkannten Jagdgebrauchshundeverbandspapieren darf in Deutschland mehr als 1000 € kosten (in Österreich und in der Schweiz sind die Preise für Jagdhunde erheblich höher, deshalb informieren Sie sich wiederum am besten beim Verband der jeweiligen Rasse).

Die nächste Frage ist: Was wollen Sie mit diesem Hund machen? Für ein Niederwildrevier werden Sie sich logischerweise einen Vorstehhund zulegen. Für ein Bergrevier mit Reh-, Rot- und Gamswild wird es eher ein Bayerischer Gebirgsschweißhund, eine Bracke oder ein Hannoverscher Schweißhund sein. Für die Baujagd sind natürlich Terrier oder Dachshunde besonders gut geeignet. Und wenn Sie so wie ich vorrangig Schwarz- und Rotwild nachsuchen, sollte es eine Jagdhunderasse sein, die vom Stockmaß nicht größer als 55 Zentimeter ist, denn vor allem für Nachsuchen auf Schwarzwild ist ein zu langbeiniger Hund eher nicht so gut geeignet, weil er in einer Dickung schlechter vorankommt. Er sollte aber auch nicht kleiner als 30 Zentimeter sein. Bestimmt kommt jetzt von allen Dackelführern der große Aufschrei! So gut ein Dackel auch auf der Wundfährte sein kann, hat er doch ein großes Handikap, das ihn als Nachsuchenhund für erschwerte Nachsuchen ausschließt. 80 % aller erschwerten Nachsuchen enden mit einer Hatz, allein diese Tatsache macht ihn dafür unbrauchbar. Ein Dackel kann niemals ein laufkrankes Stück Rot- oder Rehwild fangen. Das ist bei diesen Wildarten ein absolutes Muss, denn diese werden sich niemals einem Hund stellen. Durch seine kleinen Beinchen ist er beim Stellen von wehrhaftem Wild viel zu unbeweglich, ein Alttier würde ihn mit den Vorderläufen erschlagen, ein Wildschwein würde mit ihm in der Dickung kurzen Prozess machen.

Für die Nachsuche von Reh-, Rot- und vor allem Schwarzwild brauchen Sie einen vom Wesen ruhigen, von seiner Statur schlanken, nicht zu kleinen, aber auch nicht zu großen, im Kopf klaren Hund, der schnell und beweglich ist und ausdauernd jagen kann. Keinen „Killer“, wie es oft unsere Vorstehhunde sind, wobei ich diese hier nicht ausschließen will. Auch unsere Vorstehhunde können unter Umständen richtig gute Nachsuchenhunde sein, oft jedoch schießen sie durch ihre große Passion übers Ziel hinaus, aber Ausnahmen bestätigen die Regel.

Besonders geeignete Hunde für erschwerte Nachsuchen

Nachdem ich nun sowieso schon bezüglich Dackeln und Vorstehhunden ins Fettnäpfchen getreten bin, kann ich jetzt ruhig ein paar meiner bevorzugten Jagdhunderassen nennen, die ich für die Nachsuche schätze.

- Der Hannoversche Schweißhund ist natürlich meine erste Wahl, hier aber nicht der schwere Schlag, der Gott sei Dank fast nicht mehr gezüchtet wird (mit seinen über 50 Kilogramm ist er viel zu schwer und unbeweglich).
- Der Bayerische Gebirgsschweißhund ist ebenfalls ohne Einschränkung die richtige Wahl.
- Auch die Dachsbracke ist hervorragend dafür geeignet.
- Der Wachtelhund kann richtig gut werden, wenn man ihn nicht zum Stöberhund ausbildet.
- Die Steirische Rauhaarbracke ist ebenfalls ein sehr guter Nachsuchenhund.
- Der Schwarzwälder Schweißhund ist eine Kreuzung zwischen Hannoverschem Schweißhund und Plott Hound und gut geeignet für die Nachsuche. Obwohl er schon seit 1994 als eigenständige Rasse gezüchtet wird, kennen viele ihn nicht. Hier haben wir aber das Problem mit der Anerkennung der Papiere.
- Der kleine Münsterländer ist auch ein sehr brauchbarer Hund rund um die Nachsuche.

Erkennen Sie, was ich meine? Nicht die Größe und Stärke eines Hundes sind hier gefragt, für die erschwerte Nachsuche braucht man einen Leichtathleten.

Übrigens, was ich über den Wachtelhund gesagt habe, gilt für jede Rasse, für die Sie sich entscheiden: Jeder Hund kann zum Nachsuchenhund ausgebildet werden. Jedoch sollte meiner Meinung nach ein Nachsuchenhund wirklich nichts anderes machen, nein, auch keine Ente aus dem Wasser holen. Denn ein Nachsuchenhund, der auch noch Wasserarbeit leisten muss, wird meiner Ansicht nach in keinem Bereich hervorragend werden. Sie müssen sich das etwa so wie bei den Diensthunden vom Zoll vorstellen: ein Hund, der auf Drogen abgerichtet ist, riecht keinen Sprengstoff oder kein Geld. Zollhunde werden auch niemals für mehrere Dinge ausgebildet. Meine Nachsuchenhunde haben deshalb immer nur Schalenwild nachgesucht, und alle waren außerordentlich erfolgreich!

Natürlich will und kann ich andere Jagdhunderassen nicht ausschließen, weil es immer Ausnahmen gibt. Auch ein Terrier kann unter Umständen ein guter und ruhiger Sucher sein, meistens jedoch ist er ein guter Jäger, und so einen können wir nicht brauchen.

Ob ein Jagdhund zum Nachsuchenhund, Stöberhund oder Vorstehhund wird, das hat nicht der Zuchtverband, seine Eltern oder der Züchter entschieden. Sie machen Ihren Hund durch die Ausbildung dazu!

Vom Welpen zum guten Nachsuchenhund

Es gibt viele Methoden oder Rituale, wie sich ein Jäger seinen Welpen aussucht. Nehmen Sie den, der Ihrer Frau oder den Kindern gut gefällt. Es ist total egal, ob er beim Händeklatschen zusammenzuckt oder ob er freudig auf Sie zukommt. Ob der Züchter ein Berufsjäger ist oder nicht, ob der fünf Wochen alte Welpe schon mal auf einer Sau herumgeturnt hat oder nicht, ob er mit seiner Mutter und den Wurfgeschwistern schon mal im Wald und im Wasser war oder nicht – ganz egal. Hat der Rüde, den sich Ihre Tochter/Ihr Sohn/Ihre Frau ausgesucht hat, nur einen Hoden – total egal, nehmen Sie ihn.

Wichtig ist jedoch, ob Kinder ausgiebig mit den kleinen Welpen gespielt haben, immer wieder, täglich, danach sollten Sie sich erkundigen.

Diese neun, zehn oder elf Wochen, die ein Welpe bei seiner Mutter und seinen Wurfgeschwistern ist, prägen ihn überhaupt nicht. Er lernt Fressen, Sehen, Gehen und dass er sich nicht in den Wurfkessel lösen darf. Das ist alles! Erst wenn er nach diesen Wochen in sein neues Zuhause kommt, wird er so, wie Sie ihn später einmal haben. In Ihrem Hund wird sich Ihre Erziehung/Ausbildung widerspiegeln. Geben Sie später nicht dem Züchter die Schuld, wenn Sie mit Ihrem Hund nicht zufrieden sind.

Welpenerziehung – Grundlegendes

Eines habe ich in den vielen Jahren der Schweißhundeausbildung gelernt: „Ein guter Jäger macht einen guten Hund und ein guter Hund einen guten Jäger!"

Schon auf dem Weg nach Hause sind Sie der Rudelführer, und das muss dieser kleine Welpe wissen, immer und zu jeder Zeit.

Nicht Härte und Brutalität zeichnen eine gute Erziehung aus, sondern Konsequenz, Zurückhaltung, Überlegenheit, Geduld, und wieder Konsequenz. Das muss der Geist sein, der Sie bei der Ausbildung Ihres Welpen antreibt und Ihren kleinen Zögling zu Ihnen aufschauen lässt. Seien Sie positiv arrogant in Ihrer Erziehung, finden Sie eine innere Ruhe und Gelassenheit, nicht zu verwechseln mit Gleichgültigkeit! Das alles fängt bereits im Auto auf dem Heimweg an, und das prägt von Anfang an das Wesen Ihres Hundes.

In dieser Phase, die ich bis hierher beschrieben habe, können Sie nicht mehr zurück.

Sie haben eine Entscheidung getroffen, Sie sind bereits Nachsuchenführer, auch wenn der Kleine (oder die Kleine, das gilt auch für das restliche Buch, der Einfachheit halber weise ich nicht jedes Mal darauf hin, dass der Hund/die Hündin oder der Kleine/die Kleine gemeint sein können) erst zehn Wochen ist.

Zwischen der 9. und 12. Lebenswoche bekommen die meisten Hundeführer ihren Welpen nach Hause. Dass jetzt erst mal die Familie den Kleinen in Beschlag nimmt, ist völlig normal und muss sogar gefördert werden. Bis jetzt ist Ihr Welpe wohlbehütet bei seinen Wurfgeschwistern und seiner Mutter in wohliger Wärme aufgewachsen. Es ist schwer genug für den Kleinen, seine Mutter und Geschwister nicht mehr zu haben. Sorgen Sie dafür, dass er die ersten Wochen im neuen Rudel ohne Angst verbringen kann und nie alleine ist. Er soll in einem intakten „Rudel" aufwachsen, zumindest während seiner Kindheit. Lassen Sie in den ersten Wochen so viele Kinder wie möglich mit Ihrem Hund spielen. Das soll nicht heißen, dass Ihr Welpe alles darf, nein! Er soll nicht im Ehebett schlafen, auch nicht bei den Kindern im Kinderzimmer spielen und in den Betten rumtoben, zum Toben ist der Garten da. Die Wohnung/das Haus ist ein Ort der Sicherheit und Geborgenheit, hier wird auch nicht gefressen. Je früher Sie diese einfachen Regeln und Gesetze einführen, umso leichter wird der tägliche Umgang miteinander. Auch in einem richtigen Rudel gibt es diese und andere Regeln/Gesetze, die eine Alphahündin ohne Kompromiss durchsetzt. Überlegen Sie gut, was Sie Ihrem Hund als Welpe erlauben. Es ist unglaublich schwer, ihm Gewohntes wieder zu nehmen bzw. wieder abzugewöhnen. Niemals darf sich der Hund Ihnen, Ihrer Frau und den Kindern gegenüber gleichwertig sehen. Das darf auf keinen Fall geschehen, die wichtigste aller Regeln in einem „Familienrudel" ist: Der Hund ist in der „Hackordnung" ganz hinten, er ist nicht der Vorletzte, weil da vielleicht die Oma oder Schwiegermutter ist, nein, der Hund ist an letzter Stelle!

Regeln sind wichtig

Jedes Wort, egal von wem es kommt, hat für den Welpen Gültigkeit. Dieser kleine, süße, putzige, mit seinem Unschuldsblick sich in die Herzen schleichende Welpe bekommt es sofort mit, wenn die Frau sagt, der Hund darf nicht mit aufs Sofa, und Sie nehmen ihn trotzdem mit.

Gespielt und gefressen wird nur draußen, auch Wasser gibt es in der „Höhle" nicht, und es wird schon gar nicht gepinkelt oder gekackt. Ihre Aufgabe besteht nicht nur darin, die Schweinereien zu beseitigen, sondern auch, dem Kleinen begreifbar zu machen, dass sowas in der Höhle nicht passieren darf. Auch nicht am ersten Tag, seine Mutter hat ihm das beigebracht! Machen Sie jetzt nicht den Fehler, das rückgängig zu machen.

Natürlich wird es passieren, dass er mal in die Ecke pinkelt oder mehr. Dann haben Sie sein Zeichen, das seine Mama immer verstanden hat, nicht erkannt, weil er erst zu kurz bei Ihnen ist, oder Sie haben nicht gelernt, Ihren Welpen zu beobachten. Laut schimpfen hilft gar nichts, wenn Sie ihn jetzt beobachten, sehen Sie, dass er genau weiß, dass er etwas gemacht hat, was er nicht darf. Durch Schreien und lautes Schimpfen verängstigen Sie Ihren Welpen nur, das kann so weit führen, dass er dadurch Angst bekommt und sich verkrümelt, sobald Sie den Raum betreten. Packen Sie ihn am Genick, nicht zu fest, aber auch nicht zärtlich, er soll schon wissen, dass was im Busch ist. Ein kurzes Schütteln in Verbindung mit einem grimmigen „Pfui" wirkt Wunder.

Leider werden Sie jetzt wahrscheinlich ein Problem mit Ihrer Frau und den Kindern haben, ganz besonders, wenn Sie Töchter haben. Aber nur so geht's und Sie werden als Rudelführer akzeptiert. Ihr Welpe wird sich in Zukunft auf irgendeine Art und Weise mit Ihnen in Verbindung setzen, um Ihnen zu sagen „Ich muss mal!"

Für Sie als Rudelführer bleibt in den ersten Wochen wenig zu tun, aber das Wenige ist unheimlich wichtig. Grenzen Sie sich nicht selber aus, sondern nehmen Sie ihn mit ins Revier, unbewusst fängt hier bereits die Phase der Ausbildung an. Er wird, anders als bei Ihren Kindern oder der Ehefrau, Sie als Rudelführer erkennen und wahrnehmen. Immer mehr wird er erkennen, dass er zu Hause spielen kann, aber bei Ihnen gibt es etwas, das tief in diesem kleinen Wesen schlummert und dem er sich nicht entziehen kann, weil er ein Wolf ist: Bei Ihnen gibt es die Jagd!

Ihr Hund wird alles, was Sie ihm beibringen, gerne annehmen, wenn es in seinem Sinne ist und eine Erleichterung im täglichen Leben bringt. Zum Beispiel muss mein Hund noch immer (mittlerweile ist er fünf) vor mir „Sitz“ machen, bevor ich ihm die Halsung überstreife. Er weiß genau, wenn er stehen bleibt, gibt es keine Halsung, also auch kein Gassigehen. Nur durch eiserne Konsequenz lernt Ihr Zögling schnell, sich in seinem neuen Rudel zurechtzufinden.

Bindung schaffen

Geben Sie Ihrem Welpen einen Platz in Ihrer Wohnung/im Haus, am besten Sie kaufen einen Korb, nicht zu groß, sodass er sich zusammenkuscheln muss. Eine einfache Decke oder ein Teppichstück, das Sie anpassen, reicht vollkommen aus. In den ersten Tagen legen Sie ruhig die obligatorische Wurfdecke oder den Stofffetzen, den Ihnen der Züchter im Idealfall mitgegeben hat, in seinen Korb. Spätestens aber nach einer Woche ersetzen Sie diese Erinnerung an seine Wurfgeschwister und Mutter mit einem gebrauchten T-Shirt von Ihnen. Am besten jeden zweiten Tag, als Ersatz können Sie auch Ihre Socken nehmen. Socken haben aber den Nachteil, dass der Kleine sie zerbeißen wird, und wenn er keine mehr bekommt, wird er sich selber Schuhe holen. Ich weiß, wovon ich rede, diese Erfahrungen habe ich schmerzlich machen dürfen. Also bleiben Sie beim T-Shirt, das wird er auch nicht zerbeißen.

Innerhalb kürzester Zeit hat Ihr Hund Sie in sein Herz geschlossen und wird Sie, auch ohne dass er Sie sieht, überall finden, nur alleine Ihr Geruch reicht, um Sie unter hunderten Menschen zu erkennen oder, wenn der Wind günstig steht, über viele Kilometer zu finden.

Nach der 15. Lebenswoche fängt es an, für Sie interessant zu werden. Ihr Hund hat sich in Ihrem Familienrudel eingefunden, kennt alle Rituale und Gesetze innerhalb seiner neuen Familie und hat seinen Platz hinter dem der Schwiegermutter gefunden. Er kennt Ihr Revier, war bei unzähligen Spaziergängen dabei, und wenn Sie ihn genau beobachtet haben, hat er Ihnen schon jede interessante Fährte im Wald gezeigt. Vielleicht hat er schon auf einem erlegten Wildschwein gesessen oder hat Ihnen zugeschaut, wie Sie ein Reh aufbrechen.

Sie zeigen damit Ihrem Hund, warum nachgesucht wird. Beute machen bedeutet nicht vordergründig zu töten, sondern Futter zu haben. Er soll lernen, dass das, was Sie als Gefährten machen, nicht nur Umbringen ist. Darum dürfen Sie, wenn Sie bei einer Nachsuche ein Stück erlegt oder auch tot aufgefunden haben, niemals das Stück alleine im Wald liegen lassen, den Hund abziehen und zum Auto bringen, um danach das Stück zu holen. Denn dann wird der Hund damit nicht Beutemachen/Futter verbinden. Lassen Sie ihn am Stück abgelegt zurück, holen Sie in aller Ruhe Ihr Fahrzeug und zeigen Sie ihm: „Das nehmen wir jetzt mit, das essen wir!“

Das Wesen

Eingesperrt kann sich kein Säuger entwickeln. Natürlich ist es ab und zu unumgänglich, dass Ihr Hund mal für ein paar Stunden in den Zwinger muss. Das sollte aber die Ausnahme sein. Auf keinen Fall dürfen Sie Ihren Welpen oder Junghund einsperren! Ein Hund, der lange oder immer eingesperrt ist, wird sich zunächst mit allen Mitteln dagegen wehren, solange er die Kraft und den Willen hat. Irgendwann wird er sich mit der Situation abfinden und er wird abstumpfen, ein geistiger Krüppel werden. Wir brauchen für die Jagd jedoch einen vollkommen normal entwickelten Hund, der auch geistig voll ausgereift und hellwach ist.

Lassen Sie ihm seine Freiheiten, toben und spielen gehören zu seiner Entwicklung dazu wie das Futter. Hunde sind spielverrückt bis ins hohe Alter, und Kinder sind die besten Spielgefährten. Lassen Sie zu, dass Ihr Welpe von Anfang an so viele Eindrücke wie möglich sammeln kann, lassen Sie Ihrer Fantasie freien Lauf, um die verrücktesten Dinge mit Ihrem Hund zu tun. Das gehört ebenso zur Ausbildung wie das Fährtenlegen. Und es hat noch einen entscheidenden Vorteil: Sie können es mit der Familie tun, diese sollten Sie neben der Beschäftigung mit dem Welpen nicht vernachlässigen.

Jagdhunde brauchen viel Bewegung.

Spaß ist ein wichtiger Faktor, auch beim Erziehen eines Welpen! Machen Sie alles nicht nur mit Passion, sondern haben Sie Spaß an dieser schönen und verantwortungsvollen Aufgabe.

Dieser Spaß an der Ausbildung Ihres Hundes wird auch Ihre Familie anstecken und vor allem Ihrem Hund zeigen, dass Sie gerne bei jeder Gelegenheit mit ihm zusammen sind. Es ist nichts anderes als eine Beziehung, auch die funktioniert nur, wenn beide Spaß daran haben. Ihre Frau und Kinder lieben Sie nicht, weil Sie zur Arbeit gehen und Geld verdienen. Sie lieben Sie, weil Sie verständnisvoll, hilfsbereit, ein guter Kerl und gerne mit Ihnen zusammen sind. Genauso wird Ihr Hund Sie lieben, wenn Sie ihn konsequent erziehen, dabei das Spiel und die Geborgenheit nicht zu kurz kommen lassen und ihm vermitteln, trotz der Regeln, die er befolgen muss, gut im Rudel aufgehoben zu sein.

Ihr Hund muss wissen, dass es auch andere Artgenossen gibt. Suchen Sie sich, solange er noch ein Welpe ist, in Ihrer Umgebung einen Besitzer oder Züchter, der auch einen Welpen hat und lassen Sie die Kleinen spielen. So oft es geht, soll Ihr Hund auch mit anderen Hunden zusammenkommen.

Später, nach der Geschlechtsreife, wird das nicht mehr so leicht sein, sofern Sie einen Rüden haben. Rüden sind aber nicht anders als junge Männer, die imponieren, angeben, sich messen wollen. Auch das gehört dazu, und Sie werden es nicht verhindern können, dass Ihr Hund manchmal rauft. Haben Sie keine Angst davor, Hunde bringen sich nicht um. Ihr Drohen, Zähnefletschen, grimmiges Brummen oder Bellen, das alles macht uns Menschen Angst. Ihr Rüde kommuniziert aber nur mit seinem Gegenüber, auch wenn Sie sich kurz angehen, das gehört dazu. Dieses Spiel ist aber nach wenigen Sekunden vorbei, und jeder der beiden kennt dann seinen Platz im Rudel. Natürlich passiert es, dass einer oder beide eine Blessur davontragen, meistens werden die Ohren in Mitleidenschaft gezogen, aber es gehört zum Erwachsenwerden dazu. War es bei uns nicht genauso?

Gesundheit

Grundsätzlich sind alle Jagdhundewelpen gesund! Sie wurden zigmal vom Tierarzt untersucht und haben beim Züchter und seiner Familie wohlbehütet die ersten Lebenswochen verbracht. Kein Züchter von Jagdhunden wird Ihnen bewusst einen kranken Hund verkaufen.

Übertreiben Sie daher die Fürsorge um seine Gesundheit nicht unnötig. Sie brauchen Ihren Welpen nicht gleich Ihrem Tierarzt vorstellen, regelmäßiges Entwurmen ist allerdings eine Selbstverständlichkeit und sollte alle sechs Wochen erfolgen.

Sie müssen auch nicht das gleiche Futter kaufen, das der Welpe beim Züchter bekommen hat. Brauchen Sie den Sack, den er Ihnen mitgegeben hat, ruhig auf, mischen Sie aber schon das Futter unter, das Sie ihm künftig geben wollen. Über Hundefutter könnte man ein extra Buch schreiben, nicht umsonst ist das ein Milliardengeschäft. Meiner Meinung nach ist das beste Futter rohes Futter, es muss nicht täglich sein, aber ein- bis zweimal die Woche gebe ich meinem Hund Rohfutter, zum Beispiel ungereinigte Kutteln (Pansen) vom Rind oder Rotwild, Sehnenabschnitte, Drossel, Herz vom Rind oder was ich sonst von meinem Metzger bekomme. Ich koche diese „Hundeleckereien" nicht, sondern gebe sie ihm roh, und zwar nicht in kleine Stücke geschnitten, sondern in richtig großen Fetzen. Ich sehe den Hund mit seinen Reiß- und Fangzähnen als „Raubtier" und empfinde deshalb Rohfutter als artgerecht. Wenn Sie Ihrem Welpen erstmals rohes Futter geben, sollten Sie am Anfang nur wenig zum Trockenfutter dazugeben, nach etwa vier Wochen können Sie ihm ein Stück hartes Schwarzbrot anstatt des Trockenfutters dazugeben, Hunde lieben hartes Brot, und es ist gut für die Verdauung.

Natürlich können Sie Ihrem Hund jedoch auch herkömmliches Trocken- oder Dosenfutter geben, das es in allen Variationen im Einzelhandel gibt, ich allerdings finde, dass dieses übertrieben teuer ist. Vom Handel wird dieses Trocken- bzw. Dosenfutter als ausgewogene und artgerechte Ernährung beworben. Meiner Meinung nach ist das falsch, viele Produkte sind mit Füllstoffen, wie Soja, Mais, Getreide, Kartoffeln usw. gepanscht. Der Fleischanteil ist oft viel geringer als die Füllstoffe. Es gibt Trockenfutter bzw. Dosenfutter mit weniger als 15 % Fleischanteil. Hunde sind keine Pflanzenfresser, deshalb gebe ich meinem Hund Fleisch. Das bedeutet nicht, dass ich für ihn teures Fleisch kaufe; beim Metzger oder im Schlachthof bekomme ich „Schlachtabfälle", die nicht verarbeitet werden, für ein paar Euro. Da rohes Fleisch natürlich nicht lange gelagert werden kann, mache ich Portionsbeutel und friere diese ein. Rinder- bzw. Schweineohren lasse ich trocknen, das ist für den Hund eine Leckerei wie Schokolade für uns.

Manche vertreten die Meinung, dass Schweinefleisch wegen der Aujeszkyschen Krankheit nicht roh an Hunde verfüttert werden soll. Allerdings gelten in Deutschland Hausschweine seit 2003 als AK-frei, jedoch gibt es jährlich zwei bis drei Fälle bei Wildschweinen. Übrigens hat nicht nur der Wildkörper den Erreger in sich, sondern alles, was damit in Berührung gekommen ist (Losung/Kot, Fährte, Schweiß, Borsten, sogar auf Sträuchern und dem Waldboden ist der Erreger einige Stunden nachweisbar). Alle meine Hunde, die ich bisher geführt habe, haben kein Wildschweinfleisch gemocht, nicht einmal beim „Genossenmachen!"

Zu einem gesunden Hund gehört aber auch, dass er es gewohnt ist, bei jedem Wetter draußen zu sein, dass er auch mal alleine im Garten ist, auch wenn's regnet oder schneit. Gewöhnen Sie den Welpen langsam daran, anfangs lassen Sie ihn 10 Minuten draußen, im Laufe der vergehenden Wochen und Monate wird die Zeitspanne immer größer, sodass er nach acht bis neun Monaten falls nötig ein paar Stunden alleine im Zwinger sein kann. Verstehen Sie mich nicht falsch, ich bin kein Freund von Zwingerhaltung, aber das gehört zur Erziehung Ihres Jagdhundes dazu und ist ein wichtiger Baustein für die spätere Zusammenarbeit. Irgendwann muss Ihr Hund Ihnen blind gehorchen und vertrauen, dazu gehört auch, warten zu können mit der Zuversicht, dass Sie, sein Rudelführer, ihn wieder abholen. Mitleidiges Bellen, Heulen, Fiepen wird anfangs die Begleitmusik dieses „Alleinseins" sein, Ihre Kinder und Ihre Frau werden Sie als Tyrannen und unmenschlich hinstellen. Geben Sie nicht nach! Und vor allem lassen Sie nicht zu, dass ein anderer außer Ihnen den Kleinen „erlöst".

Sportliche Fitness ist für einen gesunden Nachsuchenhund ebenso Voraussetzung wie für Sie als Nachsuchenführer. Nicht nur Ihr Hund muss in der Lage sein, eine erschwerte Nachsuche über viele, viele Kilometer zu meistern, sondern auch Sie!

Sie und Ihr Hund müssen so fit sein, dass Sie beide problemlos zwei erschwerte Nachsuchen am Tag durchführen könnten. Nachsuchen heißt auch Hatz, Ihr Hund muss ausdauernd hetzen können. Fit wird er nur durch tägliches Lauftraining. Und wenn ich sage täglich, meine ich auch täglich. Wie gesagt, wenn Sie dafür nicht die Zeit aufbringen können, sollten Sie sich lieber nicht das Ziel setzen, Nachsuchenführer zu werden, denn Sie werden mit Ihrem Hund mehr Zeit verbringen als mit Ihrer Frau.

Ausrüstung für den Nachsuchenführer

Um einen Nachsuchenhund ausbilden und führen zu können, brauchen Sie eine gewisse Ausrüstung, bei vielen Dingen können Sie improvisieren, andere müssen Sie sich nach und nach zulegen. Aber Vorsicht, nicht alles, was teuer ist, ist auch praktisch.

Wir leben in einer Gesellschaft, in der jeder alles und noch mehr hat, die „Freizeit- und Jagdindustrie" suggeriert uns jeden Tag, dass wir unbedingt dieses oder jenes Produkt brauchen. Tatsächlich brauchen Sie als Nachsuchenführer nur sehr wenig. Aber das, was Sie brauchen, ist essenziell. Meine Devise ist: so wenig wie möglich und so viel wie nötig.

Ein Quantensprung in der Hundearbeit allgemein war die Erfindung der GPS-Ortung, hier speziell die „Garmin"-Geräte, die es mittlerweile in verschiedenen Modellen gibt.

Durch die Ortung ist man in der Lage, jederzeit, bei jedem Wetter punktgenau den Standort seines Hundes zu finden. Und nicht nur das, das Gerät führt einen auch hin. Schnell und sicher zu seinem geschnallten Hund zu kommen, ist Grundvoraussetzung für eine erfolgreiche Nachsuche. Zusatzfunktionen wie Wegepunkte zu markieren oder das eigene Fahrzeug, bevor man eine Nachsuche beginnt, sind ebenfalls enorm hilfreich.

GPS-Geräte sind nicht ganz billig, aber ohne (ich verwende ein Garmin) würde ich keine Nachsuche mehr durchführen wollen.

Unbedingt nötig ist auch eine Büchse, im Kaliber nicht unter 8 mm, das Alter ist völlig egal. Am vordersten Ende des Laufes sollte eine Öse angebracht sein, damit die Waffe beim Tragen über der Schulter bzw. als Rucksack (ich bevorzuge die Rucksack-Position) nicht über den Kopf hinausragt. Lassen Sie sich bei dieser Waffe den Lauf von Ihrem Büchsenmacher entsprechend kürzen. Dies verhindert beim Gehen und fallweise nötigen Kriechen das Hängenbleiben an Ästen, Zweigen oder Ranken. Das Gewehr sollte kein herausnehmbares Magazin haben, dieses könnte sich unter Umständen lösen, verlorengehen und bei einem eventuellen Fangschuss hätten Sie keine Patronen mehr. Eine zusätzliche Fluchtvisierung, wie es sie in allen Arten und Formen gibt, würde ich ebenfalls nicht empfehlen, denn sie verschmutzt schnell, und Schnee, Wasser, Laub und vieles mehr machen eine Zielansprache unmöglich. Außerdem haben Sie ein Anbauteil mehr an Ihrer Waffe, das in Dickungen leicht abreißen kann. Kimme und Korn sind völlig ausreichend, Fangschüsse werden in der Regel auf höchstens 20 Meter angetragen. Allerdings sollte es ein Leuchtkorn sein, das garantiert eine schnelle Zielerfassung auch bei ungünstigen Lichtverhältnissen.

Als optimale Nachsuchenbüchse hat sich das System 98 bewährt, die Flügelsicherung funktioniert bei jedem Wetter, selbst wenn die Waffe und das System vereist sind. Hier gleich ein paar wichtige Tipp nebenbei:

- Gehen Sie niemals mit einer fertig geladenen Waffe auf Nachsuche, auch wenn Sie die Flügelsicherung ganz nach rechts haben.
- Tragen Sie die Waffe immer unterladen, wenn es zum Fangschuss kommen soll, haben Sie genügend Zeit, eine Patrone ins Patronenlager zu repetieren.
- Wichtig ist auch, die Mündung immer mit Tape abzukleben oder Gehörschutzpfropfen, die man zusammenknüllen muss, ins vorderste Ende des Laufes zu stecken, beides kann bei einem Fangschuss heraus- bzw. durchschossen werden.
- Das Geschoss sollte sich nicht zerlegen, wählen Sie solche Laborierungen, die sich nur aufpilzen. Bestens dafür geeignet ist die „Norma Orix". Ein Vollmantelgeschoss hat den Nachteil, dass es eine geringe Wundwirkung erzielt.

Kopfbedeckung
Strapazierfähige Jacke
Ausweis „Anerkannter Nachsuchenführer“ (muss immer mitgeführt werden)
Abfangmesser
GPS-Gerät
Handschuhe
Verbandsmaterial
Nachsuchenhose
Markierungsband

Wenn Sie keine Möglichkeit haben, Ihre Waffe zu gebrauchen, sind wir schon beim nächsten Ausrüstungsgegenstand – vielleicht sogar dem wichtigsten: Das Nachsuchenmesser bzw. Abfangmesser sollte nicht länger als 35–40 Zentimeter insgesamt haben. Von Vorteil ist ein schweres Blatt, das mit dem Griff ausgewogen ist und beidseitig, also oben und unten geschliffen ist, das Griffende muss eine Parierstange haben, um ein Abrutschen in die Klinge zu verhindern. Damit müssen Sie in der Lage sein, einem Stück Schwarzwild auch mal eine Rippe zu durchstoßen. Bei zu langen Messern wie Hirschfängern sind Sie zu unbeweglich, die Handhabung ist zu umständlich. Weiterhin besteht bei zu langen Kaltwaffen die Gefahr, dass Sie durch den ungewohnten und nicht einfachen Gebrauch sich selbst oder Ihren Hund verletzen.

Kurzwaffen sind meiner Meinung nach für die erschwerte Nachsuche völlig ungeeignet. Die Gefahr, damit den eigenen Hund zu gefährden, ist exorbitant hoch, eine angeschweißte Sau mit dem ersten Schuss zu strecken, ist auf zehn Meter selbst für mich als Schießausbilder fast unmöglich. Ein weiteres Problem ist das Kaliber: Die üblichen Kurzwaffenkaliber haben mit dem ersten Schuss keine Stoppwirkung auf eine Sau.

Hinzu kommt, dass eine Kurzwaffe beim Durchstreifen von Dickicht leicht verloren gehen kann und deshalb gut eingepackt getragen werden muss. Dementsprechend lange brauchen Sie, um sie herauszuholen, viel schneller haben Sie die wesentlich effektivere und sicherere Waffe, das Abfangmesser, zur Hand.

Verletzungen bei Ihnen und Ihrem Hund können jederzeit vorkommen, deshalb gehört zur Nachsuche auch ein Notfallset, das Sie immer bei sich haben müssen. Keine Pflaster, sondern sterile Wundauflagen, Mullbinden, um eine Blutung zu stoppen. Was ich sehr empfehlen kann, ist das „Israeli Bandage“, die beste und schnellste Art, einen Druckverband anzulegen. Außerdem muss in diesem Notfallset eine Rettungsdecke vorhanden sein.

Mit der Bekleidung ist das so eine Sache, sicherlich kann man hier eine Menge Geld ausgeben für Dinge, die keiner braucht. Eines kann ich jedoch wärmstens empfehlen: eine strapazierfähige Hose. Ich trage seit vielen Jahren eine speziell für Nachsuchenführer entwickelte Nachsuchenhose von „Pfanner“ (ein Schutzbekleidungshersteller aus Österreich), die zwar nicht ganz billig, aber wirklich empfehlenswert ist. Anders als bei herkömmlichen Schnittschutzhosen sind bei diesen Nachsuchenhosen die Oberschenkelarterie und der Genitalbereich speziell durch Kevlar geschützt.

Ebenso wichtig ist eine für den „Busch“ taugliche Jacke: Sie muss reißfest sein, viele Taschen und Warnfarben haben.

Schuhe sind oft Ihre „Lebensversicherung“. Am Anfang habe ich einfach jene genommen, mit denen ich am besten laufen konnte, aber das ist nicht ganz richtig. Sie brauchen feste Schnürschuhe, die bis über die Knöchel reichen, eine grobe Sohle haben und mit denen Sie im Notfall auch kräftig „zutreten“ können. Die beste Möglichkeit, eine annehmende Sau abwehren zu können, ist ein Fußtritt mit einem schweren Schuh auf den Wurf. Es wird die Situation kommen, in der Sie nicht mehr die Zeit haben, die Waffe oder das Abfangmesser schnell griffbereit zu haben, dann bleibt Ihnen als „Erstwaffe“ nur Ihr Schuh.

Dornenfeste Handschuhe, mit denen Sie sicher und ohne Verletzungen zu riskieren, Brombeerranken niederdrücken können, gibt es in jedem Baumarkt für wenig Geld.

Gehen Sie nie ohne Markierungsband auf eine Nachsuche, auch bei einer Suche auf einer Kunstfährte sollten Sie immer markieren. So lernt Ihr Hund, dass es nicht ständig vorwärts geht, dass der Rudelführer sich mal hinknien muss, um Pirschzeichen zu untersuchen und diese zu markieren. Auf der Wundfährte wird es immer wieder mal vorkommen, dass Ihr Hund unsicher wird, dann müssen Sie in der Lage sein, zur letzten Bestätigung zurückzufinden. Glauben Sie mir, das ist oft selbst mit Markierungsband nicht einfach. Eine Fährte zu markieren, ständig daran zu denken, weil man sich ja immerzu auf den Hund und Pirschzeichen konzentriert, muss man lernen. Spätestens dann, wenn Sie wegen Dunkelheit eine Suche abgebrochen haben und am nächsten Tag Ihre Fährte wieder aufnehmen wollen, werden Sie feststellen, dass es fast unmöglich ist, diese wieder zu finden. Wenn Sie einen guten Draht zu Ihrem Förster oder Forstmeister haben, bekommen Sie diese Markierungsbänder aus Papier umsonst.

Ausrüstung für den Nachsuchenhund

Der Schweißriemen sollte eine Länge von etwa zwölf Metern haben, bei zu kurzen Riemen kann es sein, dass Sie Ihren Hund gerade in der Anfangsphase, wenn er Platz und Raum zum Festsaugen braucht, stören. Ein zu langer Riemen „verwurschtelt“ sich noch leichter in einer Dickung, Sie haben schon mit einem Zwölf-Meter-Riemen genug damit zu tun, Ihren Hund zu befreien. Der Riemen sollte aus festem, aber leichtem Material sein, auf keinen Fall aus Leder. Dieses Relikt aus früheren Zeiten darf man getrost aufgedockt zu Hause ins Jägerzimmer hängen, denn Lederriemen werden bei Nässe viel zu schwer und zu rutschig. Manche wenige Hundeverbände erwarten bei verschiedenen Prüfungen oder Veranstaltungen,

dass man seinen Hund am aufgedockten Schweißriemen führt, hierfür taugt er gerade noch. Ich persönlich habe mir vor kurzem einen aus einer Art weichem Kunststoff gekauft, er ist wunderbar leicht, verhakt sich nicht und hat eine orangene Warnfarbe, wobei der letzte Meter blau ist.

Ihr Hund braucht keine Schweißhalsung, mit dem Riemen an der Halsung ist der Riemen immer unmittelbar vor den Vorderläufen des Hundes, und er hat ausschließlich damit zu tun, diesem auszuweichen, um nicht auf den Riemen zu steigen, außerdem hat er sowieso schon eine Warnhalsung und den GPS-Empfänger um den Hals.

Ein einfaches, günstiges Brustgeschirr, das schnell auf einer Seite zu öffnen ist, kostet nicht mehr als 25 € und erfüllt seinen Zweck. Ich weiß, dass man alleine für diese beiden Dinge richtig viel Geld ausgeben kann, das meiste sieht zwar gut aus, ist aber im praktischen Einsatz unbrauchbar. Ein guter Schweißriemen mit Brustgeschirr kostet nicht mehr als 60 €.

Was sich für mich als Nachsuchenführer sehr bewährt hat, ist eine einfache Warnweste für den Hund, diese gibt es in Gelb und Orange mit Reflektionsstreifen. Fangschüsse auf Schwarzwild finden in der Regel auf sehr engem Raum in einer Dickung statt, durch diese Warnweste können Sie die Bail problemlos auseinanderhalten.

Hundeschutzwesten sind für den Nachsuchenhund ungeeignet, sie engen ihn beim Stellen zu sehr ein. Bei langen Suchen, vor allem im Sommer, führen sie dazu, dass der Hund schnell überhitzt.

Für die Ausbildung Ihres Hundes brauchen Sie einen Fährtenschuh. Auch hier gibt es im Handel unzählige Modelle, wobei ich noch keines gefunden habe, das mich wirklich überzeugt hat. Das Modell, das ich seit 15 Jahren benutze, ist vom Klub für Bayerische Gebirgsschweißhunde e.V.

Bei einem Fährtenschuh ist es wichtig, dass Sie die Witterung der Schale auf die Fährte bringen, bei den angesprochenen Modellen wird der Schwarzwild-, Rotwild- oder Rehwildlauf hinten am Schuh montiert. Sie hinterlassen also auch Ihre Witterung auf dem Waldboden. Ihr Hund wird nicht die Witterung der Wildschale aufnehmen, sondern Ihre und die dazugehörige Bodenverwundung, was für ihn ein leichtes Spiel ist.

Erfahrung macht den Meister

Für den praktischen Nachsucheneinsatz werden Sie Ihre Ausrüstung so weit optimieren, dass es für Sie und Ihren Hund passt und damit Sie beide wieder gesund nach Hause kommen. Das, was ich hier beschrieben habe, kann und soll nur ein roter Faden sein, an dem Sie sich entlanghangeln können. Sie werden Ihre eigenen Erfahrungen sammeln und erkennen, was für Ihren Einsatz sinnvoll ist und was Sie überhaupt nicht gebrauchen können. Das ist es nämlich, was einen Nachsuchenführer ausmacht: aus seinen eigenen Erfahrungen zu lernen.

Alles, was ich Ihnen hier und in meinem vorigen Buch über Hundeausbildung beschrieben habe, beruht natürlich auf meinen Erfahrungen und meiner ganz persönlichen Überzeugung und soll Ihnen als „Richtschnur“ dienen. Sie werden Ihre eigenen Erfahrungen machen, die ebenfalls richtig und gut sind. Lernen Sie daraus und erobern Sie das Herz Ihres Hundes, sodass er Sie als Rudelführer akzeptiert. Aber das alles können Sie nur machen, wenn Sie aktiv mit Ihrem Hund arbeiten. Lassen Sie jeden Tag neu beginnen, nehmen Sie keine schlechten Erfahrungen mit in den neuen Tag, bauen Sie auf Erfolgen auf. So wird aus Ihnen ein guter Nachsuchenführer.

Von einem alten, sehr lieben Förster habe ich vor vielen Jahren, als dieser in den Ruhestand ging und sein Büro ausräumte, einen wirklichen „Nachsuchenschatz“

bekommen. Ein Büchlein aus dem Jahre 1887, geschrieben von einem Oberförster Drömer aus Oranienburg. In diesem Buch geht es um den Hannoverschen Schweißhund, von seiner Zucht bis zur Führung. Ein Schatz ist das Büchlein deswegen, weil dieser Mann vor über 100 Jahren die Arbeit mit dem Schweißhund genauso gesehen hat wie ich heute, leider sind viele dieser Grundsätze in der Neuzeit bei fast allen Zuchtverbänden verlorengegangen. Selbstverständlich sind einige seiner Methoden überholt, aber im Geiste der Nachsuchenarbeit sind diese Regeln immer noch gültig.

„Niemand wohl, der die Lockung gefühlt des herrlichen Waidwerks, sagte mit Willen sich los, ihn hält allmächtige Fessel!“

Nachsuchen – eine Herausforderung

Wenn Sie Ihren Welpen erfolgreich zu einem Nachsuchenhund ausgebildet haben und mit ihm auf der Wundfährte arbeiten, werden Sie früher oder später erkennen, dass diese Art des Jagens Sie nicht mehr loslässt. So sehr die Ausbildung und später die Einsätze Sie auch zeitlich beanspruchen, bleiben Sie dran, hören Sie nicht auf, unterscheiden Sie sich von den vielen anderen, die diese ehrenvolle Aufgabe nur als „Hobby“ sehen. Leben Sie diese „Berufung als Nachsuchenführer“ zusammen mit Ihrem Hund und Ihrer Familie und haben Sie Geduld. Lassen Sie sich Zeit, damit Sie mit Ihrem Hund zusammenwachsen können.

Das nämlich ist die wichtigste Lektion: Nur als Team werden Sie erfolgreich sein, also behandeln Sie Ihren Gefährten wie einen Teampartner.

Nicht jede Suche ist spektakulär. Ehrlich gesagt, sind es die wenigsten, aber die, die Ihnen alles abverlangen, machen Sie zu einem Nachsuchenführer. Und glauben Sie mir, wenn Sie während einer schwierigen Nachsuche meinen, dass Sie bereits alles gegeben haben und nass, dreckig und erschöpft sind, dann ist Ihr Hund erst richtig warm geworden. Natürlich werden Sie nicht jedes Stück bekommen, und irgendwann müssen Sie die Entscheidung treffen, weiterzumachen oder aufzuhören. Eines jedoch müssen Sie wissen, wenn Ihr Hund weitermachen will, dann dürfen Sie nicht aufhören. Und noch eines ist wichtig: Wenn Ihr Hund die Beute stellt, die Dickung noch so undurchdringlich oder das Wildschwein noch so gefährlich ist, lassen Sie ihn nicht alleine, überwinden Sie sich, gehen Sie über Ihre Angst hinweg, er braucht Sie.

Wie werden Sie „anerkannter Nachsuchenführer"?

Es gibt nicht das ganze Jahr über gleich viele Nachsuchen, natürlich ist das in erster Linie vom Revier und vom Wild, das dort bejagt wird, abhängig. Für mich und Orgo fällt ein Großteil unserer Nachsuchenarbeit bei den Drück- und Treibjagden auf Schwarz- und Rotwild im Herbst und Winter an. September bis Februar ist unsere Hauptsaison, das restliche Jahr werden wir nur vereinzelt zu Nachsuchen gerufen. Ich nutze die übrigen Monate, um mich als „anerkannter Nachsuchenführer" vorzustellen. Von Februar bis April finden die meisten Jahreshauptversammlungen in den Hegevereinen oder Jägervereinigungen statt, es gibt Trophäenschauen von Hegeringen oder Hegebezirken u. v. m. Auch Sie können diese Gelegenheiten nutzen und auf solchen und ähnlichen jagdlichen Veranstaltungen in Ihrer Region sich und Ihren Hund vorstellen. Rufen Sie z. B. die Vorsitzenden von Jagdvereinen, Hegemeister oder Hegeringleiter an, stellen Sie sich kurz am Telefon vor und sagen Sie geradeaus, dass Sie gerne einen kleinen Vortrag über Nachsuchen halten würden. Vortragende sind eigentlich immer gerne gesehen, und Sie haben die Möglichkeit, sich einer breiten Jägerschar vorzustellen. Seien Sie bei Ihren Vorträgen selbstbewusst, ohne dabei arrogant zu wirken. Sie müssen gleichzeitig glaubwürdig wie auch vertrauenswürdig rüberkommen, einfach authentisch. Wenn Sie noch jung in diesem „Geschäft" sind, sagen Sie das auch. Sie dürfen sich auf keinen Fall selbst in den Himmel loben und können dann womöglich das Versprochene nicht halten.

Voraussetzungen, Prüfungen & Jagdhundeorganisationen

Bevor Sie jedoch bei solchen Veranstaltungen als anerkannter Nachsuchenführer auftreten können, müssen Sie mit Ihrem Hund alle Prüfungen, die dafür notwendig sind, abgelegt haben, so sind die Bestimmungen in den meisten Bundesländern Deutschlands. Auch in Österreich und der Schweiz gibt es Dachverbände für Jagdgebrauchshunde und Vereine für fast jede Jagdhunderasse, die Prüfungs- und Zuchtrichtlinien festlegen. In Österreich wird teilweise auch der Einsatz von Nachsuchengespannen in Bereichshundestationen, Jagdhundestationen oder Nachsuchenstationen organisiert, im Kanton Schwyz gibt es z. B. die Nachsuchenorganisation (NAORG), die den Einsatz von Schweißhunden im ganzen Kantonsgebiet organisiert. Nachsuchen werden über die im Gebiet zuständigen Wildhüter oder die Polizeizentrale gemeldet. Genaue Regelungen und Informationen bezüglich des Einsatzes oder der Organisation von Nachsuchengespannen für Ihr jeweiliges Gebiet erfahren Sie über die Dachverbände bzw. die Vereine (siehe z. B. ab S. 140).

Bei den Schweißhundevereinen (z. B. Verein Hirschmann und Klub für Bayerische Gebirgsschweißhunde) ist für eine Anerkennung eine Vorprüfung, eine Hauptprüfung und eine Formbewertung notwendig, bei allen anderen Jagdhunderassen sind im deutschen und österreichischen Jagdgebrauchshundeverband (JGHV; ÖJGV) bzw. in der Arbeitsgemeinschaft für das Jagdhundewesen (AGJ) die jeweiligen Richtlinien festgelegt; die einzelnen Jagdhundeverbände organisieren und führen die Prüfungen durch (siehe auch Informationen ab S. 140). Jetzt kommt das wieder zu tragen, was ich eingangs schon erwähnt habe: Grundvoraussetzung, damit Sie überhaupt mit Ihrem Hund zur Prüfung antreten dürfen, ist eine gültige Ahnentafel, die durch den JGHV anerkannt ist.

In Deutschland brauchen Sie als Nachsuchenführer eine Jägervereinigung (Zusammenschluss mehrerer Hegeringe), die für Sie beim Landesjagdverband bürgt. Wenn Sie diese Voraussetzungen alle haben, dann suchen Sie Kontakt zu diesen Vorsitzenden der Jägervereinigungen, diese Leute helfen gerne weiter.

In Österreich und der Schweiz gibt es, wie schon erwähnt, regionale Stationen bzw. Organisationen, wo Nachsuchenführer mit geprüften Hunden aufgenommen werden und für die Nachsuchenarbeit zur Verfügung stehen.

Eines müssen Sie als anerkannter Nachsuchenführer auf jeden Fall ansprechen und bei jedem Einsatz beachten, damit Sie rechtlich fest im Sattel sitzen: Die Wildfolge ist von Bundesland zu Bundesland verschieden, nachdem das Bundesjagdgesetz ein Rahmengesetz ist, können die einzelnen Bundesländer diesen Rahmen nach ihren Bedürfnissen ausfüllen. Auf allen Internetseiten der Landesjagdverbände gibt es Vordrucke für die Wildfolgevereinbarung, werben Sie dafür, sprechen Sie die Vorteile dieser freiwilligen Wildfolgevereinbarung an. Nachteile gibt es für die Jagdpächter nicht, zumal das Tierschutzgesetz seit 2002 im Artikel 20a im Grundgesetz verankert ist.

Ich glaube, ich konnte Ihnen mit diesem Überblick über die Ausbildung und Führung eines Nachsuchenhundes vermitteln, dass Nachsuchenarbeit Fleißarbeit ist. Ohne sich und Ihren Hund ständig in Übung zu halten, können Sie nicht bestehen. Und auch die ethische und moralische Verantwortung, die Sie mit diesem Ehrenamt übernehmen, muss Ihnen jederzeit bewusst sein.

Suchen Heil!

Aus den Augen, aber nicht aus dem Sinn

Langsam bricht die Dämmerung herein, ein kalter Westwind weht mir ins Gesicht, und der leichte Schneefall, der vor zehn Minuten angefangen hat, verzaubert diesen Januarabend in ein Wintermärchen. Wie jeden Abend bin ich um diese Zeit mit meiner Frau bei unseren Pferden im Stall, um diese zu versorgen. Wenn mein „Part“ der Stallarbeit erledigt ist, gehe ich oft noch hinter die Maschinenhalle, dorthin, wo meine Frau und ich vor fast vier Jahren unseren Gero beerdigt haben. Dann sitze ich auf der Steinplatte, die ich neben seinem Grab hingestellt habe, und genieße den Augenblick. Mittlerweile weiß auch mein Kleiner, der jetzt schon ein Großer ist, wo er mich findet. Lautlos, jetzt im Schnee gut sichtbar, sonst durch seine Zeichnung (gestromt) meist unsichtbar, schleicht er plötzlich um mich herum. Für meinen Orgo ist das kein Platz für Gedanken, er weiß nicht, was mich mit diesem Stein, auf dem „Gero vom Gahrenberg“ steht, verbindet. Er sitzt neben mir, und ich streiche ihm übers Haupt. Mit dem Rauchen habe ich aufgehört, obwohl ich in Augenblicken wie diesen gerne eine hätte. Wenn ich da sitze, denke ich manchmal gar nicht an meinen Gero. Alltägliche Dinge, Erlebnisse, Sorgen, Wünsche, aber auch Nachsuchen verarbeite ich an diesem Platz, im Sommer länger und im Winter kürzer. Klar denke ich mir auch manchmal: „Helmut, das ist jetzt vier Jahre her“, und dann ertappe ich mich wie letzten Sonntag beim Mittagessen im Wintergarten dabei, dass ich plötzlich zu meiner Frau sage: „Im Februar würde unser Gero schon zwölf Jahre werden!“ Worauf sie geantwortet hat: „Ja mein Schatz, und dein Orgo wird im Februar vier!“ Gott sei Dank, dass ich dieses Mädel gefunden habe!

Ja, sie hat recht, vier Jahre intensive Arbeit, fast jeden Tag kreisen die Gedanken um den Hund, seine Ausbildung und die Nachsuche. Fährten legen, Verweiserpunkte in Feld und Flur ausbringen, endlose Spaziergänge, die ich oft mit Ausritten meiner Frau verbunden habe: meine Frau auf dem Pferd, ich nebenher auf dem Fahrrad (bei jedem Wetter) und mein Orgo zu Fuß.

Ich genieße diese Augenblicke und bin froh, dass wir so unsere doch verschiedenen Hobbys verbinden können. Ich kann zumindest sagen, dass meine Frau alle heimischen Baumarten und jede Rückegasse in unserer Umgebung kennt. Sie unterscheidet problemlos eine Saufährte von der eines Rehs (selbstverständlich zeigt diese auch brav mein „Kleiner“, der vor uns den Weg erkundet, immer an). Sie kennt den Jagdruf eines Habichts und das Gekicke vom Sperlingskauz. Sie kennt alle Hauptwechsel der Wildschweine und ihre Einstände. Das kann nicht jeder Jägersmann von seiner Frau behaupten.

Ich habe für meine Leidenschaft, die Nachsuche v. a. von Sauen und Rotwild, den richtigen Hund gefunden. Für mich persönlich steht fest, dass ich nie mehr eine andere Hunderasse als den Hannoverschen Schweißhund führen werde. Wobei ich immer noch der Meinung bin: Jeder Führer kommt zu seinem Hund und umgekehrt!

Diese Ruhe und die Überlegenheit des Blickes eines Hannoverschen, wie oft sie auch schon mit Worten beschrieben wurden, sind in Wirklichkeit ein Erlebnis. Die Art und Weise, eine Wundfährte von der einer gesunden auszuarbeiten, ist ein Augenschmaus. Fährtensicher und unbeirrt folgt er dieser für uns Menschen unsichtbaren Spur bis zum Ende.

Immerhin arbeiten wir jetzt schon vier Jahre zusammen. Am Anfang noch recht zögerlich, um nicht zu sagen langsam, aber im Laufe seiner Ausbildung wurde Orgo immer freudiger und neugieriger. Genau das muss man bei seinem jungen Hund ausnutzen, die Neugierde. Etwa nach eineinhalb bis zwei Jahren sind die „Flegeljahre“ vorbei, und mit jeder Woche merkt man, dass ein Jagdhund heranwachsen will.

Vom Junghund zum erwachsenen Hund

Diese Zeit ist ebenso wichtig wie die Prägungsphase, die ich ausführlich in meinem ersten Buch beschrieben habe. Nutzen Sie diese Zeit für intensive Zuneigung und Arbeit mit Ihrem Hund. Jetzt wird sich zeigen, wer von Ihnen der Rudelführer wird. Seien Sie unnachgiebig, wenn es um die Riemenarbeit geht, er wird Sie testen, er versucht seinen „jugendlichen Kopf“ durchzusetzen, und plötzlich finden Sie sich auf einer Rehfährte wieder. Greifen Sie zurück, darum sind auch die Markierbänder auf der Fährte so wichtig, und setzen Sie Ihren Hund beim letzten bestätigten Schweiß neu an. Auch wenn Sie diese Prozedur mehrmals wiederholen müssen, seien Sie konsequent. In diesem Alter und mit der Vorkenntnis, die Sie ihm vermittelt haben, weiß er genau, was los ist, er mag nur nicht. Wenn Sie in dieser Phase des „Erwachsenwerdens“ ein Zeichen der Schwäche erkennen lassen, können Sie das nie wieder gutmachen.

Jetzt ist der Nachsuchenführer gefragt: Geduldig, ruhig, mit monotoner Stimme führen Sie Ihren Zögling auf der Fährte, um ihn jedoch mit einem scharfen und unmissverständlichen „Verwund“ zurückzuholen, wenn er einer anderen, vielleicht interessanteren Fährte folgen will. Jetzt werden Sie sehen, wie er „zusammenzuckt“, um seine Verwundfährte wieder aufzunehmen. Diese Übung ist ungeheuer wichtig, denn im richtigen, scharfen Einsatz werden Sie sofort erkennen, ob er noch auf der Fährte ist oder nicht. Stellen Sie ihm einfach die Frage: „Ist das deine Fährte?“ Wenn er Sie gar nicht beachtet und weiter der Fährte nachhängt, ist alles in Ordnung. Wird er aber schlagartig unsicher und fängt an zu bögeln, können Sie sicher sein, dass er sie „verarscht" hat. Darum müssen Sie in der Ausbildung absolut „fährtensicher" sein, Sie müssen zu jeder Zeit den Fährtenverlauf kennen, um rechtzeitig eingreifen zu können. Im „Einsatz" muss Ihr Hund dann diese Sicherheit haben und Sie das blinde Vertrauen.

Fördern Sie Ihren Hund nicht nur, sondern fordern Sie ihn auch, im Alter von zwei Jahren ist er von der Nasenleistung ein Profi, also geben Sie ihm auch die Arbeit für einen Profi. Ich will damit sagen, machen Sie die Arbeit richtig schwer, nicht nur ein bisschen, sondern richtig schwer. Bauen Sie Verweiserpunkte ein, nehmen Sie nur Schweiß, wo es sein muss (Anschuss, Wundbett) machen Sie rechtwinklige Haken und laufen Sie mit Ihren Fährtenschuhen auch Waldwege (Schotterpisten) entlang. Er kann das, er wird Sie, vorausgesetzt Sie haben die RUHE und GEDULD, zum Ende der Fährte führen.

Verwenden Sie von Anfang an in der Erziehung Ihres Hundes die Weidmannssprache. Ein Nachsuchenhund muss all die Begriffe unserer „Fachsprache", die für die Nachsuche relevant sind, beherrschen (such verwund, Bail, Schweiß, Pirschzeichen, vorhin verwund, zur Fährte, Losung, Schweißriemen, Behang, Anschuss, Abkommen usw.). Ich bin kein Freund von alten, längst überholten Dingen, unsere Jägersprache jedoch ist so einzigartig, sie ist über Hunderte von Jahren gewachsen und zählt zur Jagdkultur, deren Bewahrung jedem Jäger und somit auch Nachsuchenführer ein Anliegen sein sollte.

Wie schon erwähnt, sind Förderung und Übung für jeden jungen Jagdhund enorm wichtig. Dazu möchte ich folgendes Erlebnis mit meinem damals 17 Monate alten Orgo erzählen: Es war eine kalte, schneelose Januarnacht. Die Wiesen und Nadelwälder waren mit einem Hauch von Frost überzogen, als wäre alles aus Zuckerguss. Seit Wochen war keine Sau an der Kirrung gewesen, weil der Winter einfach zu mild war. Trotzdem zog mich diese unsichtbare Kraft, diese Unruhe, diese Passion, ich weiß nicht, wie ich es beschreiben soll, in dieser Nacht in den Wald.

22:00 Uhr, ich war noch mit meinem Orgo im Garten zum Pinkeln und starrte dabei in den fast vollen Januarmond. Kein Wölkchen war am Himmel, meinen Orgo, der weit vor mir auf der Wiese einen Haufen setzte, konnte ich mit bloßen Augen erkennen. Was für eine schöne Nacht, dachte ich noch. Ich hatte die Jagd nicht mal im Sinn und dachte einfach nur, dass es eine schöne Nacht war. Fünf Minuten später sagte ich zu meiner Frau, die gerade im Bad stand und sich die Zähne putzte:

„Du, Schatzi, ich glaub, ich schau noch mal an die Kirrung am Sand!" Als Antwort bekam ich nur:

„Mach nur, du Verrückter, aber denke daran, du musst morgen bald aufstehen und unseren Julian zum Schulbus fahren!"

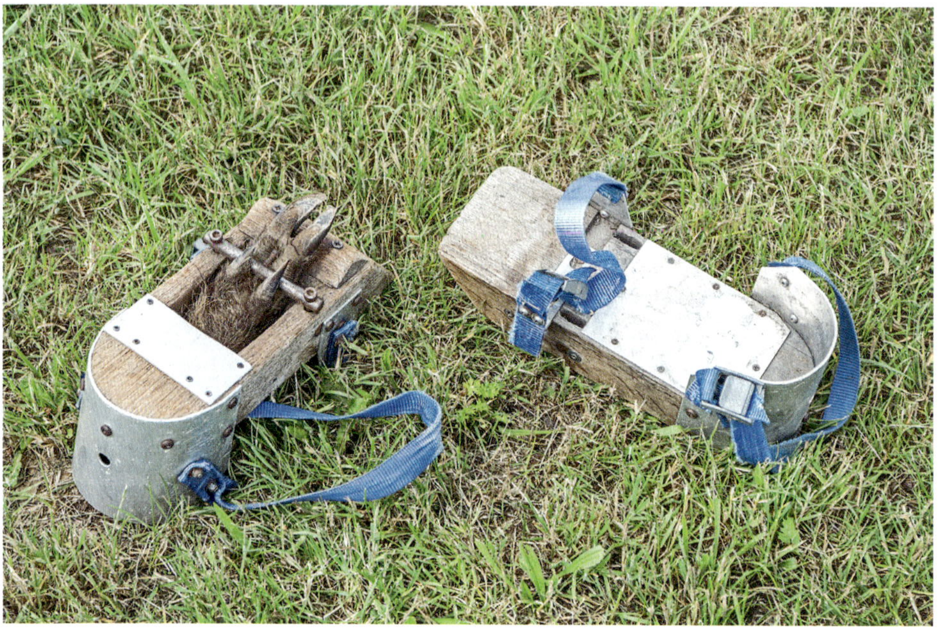

Fährtenschuhe

Orgo in voller Ausrüstung beim Suchen

Ein guter Nachsuchenhund muss verweisen können.

Orgo beim verendeten Stück

Das, was mich am meisten dabei stört, im Winter auf die Jagd zu gehen, ist das Anziehen, damit man ja nicht friert. Und wenn man Pech hat, passt der Wind mal wieder nicht, und eine Viertelstunde später kann man die ganzen Klamotten wieder ausziehen. Aber nicht in jener Nacht, der Wind war super und wie gesagt der Mond am Himmel. Eingepackt wie ein Eskimomännchen stapfte ich über die Wiese hinunter in das Buchenaltholz, in dem mein Futtertrog stand. Ich machte einen Heidenlärm, als ich mit meinen dicken Filzstiefeln durch die gefrorenen Buchenblätter stapfte. Übrigens, diese Filzstiefel habe ich von meinem „Russennachbarn" Justus. Er ist ein durch und durch versoffener Russe, und weil irgendwann mal einer sagte, er sei Deutscher, hat er einen deutschen Ausweis bekommen. Egal, von ihm habe ich diese „Original Walenki-Filzstiefel" gekauft. Die besten Stiefel, die ich jemals hatte. Eigentlich soll man barfuß reinsteigen, aber ich habe immer dünne Tennissocken an. Mit diesen Stiefeln gibt es kein Frieren mehr.

Bis ich endlich an meinem Hochsitz war, wussten alle Tiere des Waldes, dass ich da war. Als sich der Schleier der Nacht und die Ruhe wieder über diesen Ort gelegt hatten, genoss ich diesen Abend, obwohl ich keine Hoffnung hatte, dass Sauen kommen würden.

Seit einer halben Stunde knabberten eine Geiß und ihr Kitz an dem Mais, den ich immer noch um die Kirrung in das Laub streute. „Wenn die weg sind, gehe ich heim, es war ein schöner Abend, aber ich muss morgen meinen Kleinen zum Bus fahren!", beschloss ich gerade in Gedanken, denn langsam kroch die Kälte in mein Unterhemd.

Ich nahm mein Glas und beobachtete die Rehe, wie sie die Maiskörner aus dem Laub stocherten. Plötzlich warfen beide gleichzeitig ihr Haupt auf, sicherten hangabwärts, um sofort abzuspringen.

„Hoppla, jetzt wird's interessant", das hatte ich kaum gedacht, und schon hörte ich schwere Schritte im Buchenlaub, dann noch ein Knacken und noch ein Brechen eines Astes. Stille, nichts mehr, keine Schritte und kein Knacken mehr, nur in weiter Ferne das Abspringen der Rehe, das schnell leiser wurde und im nächsten Augenblick auch nicht mehr zu hören war. Immer noch hatte ich das Glas am Auge und leuchtete das Buchenaltholz unter mir ab.

Da, ein schwarzer „Bollen", der war vorher noch nicht da! Und da, hinter der großen Buche mit dem komischen Ast auf der linken Seite noch einer. Aber keine Bewegung, faszinierend, wie „profihaft" sich diese zwei Überläufer schon verhielten. Der eine hinter der großen Buche setzte sich in Bewegung, dann auch der andere. Schritte im Laub, das Glas am Auge, um die Sauen zu beobachten, die an die Kirrung anwechseln, das ist immer wieder so ein schönes Erlebnis, das mir nach all den vielen Beobachtungen immer noch das Herz so laut schlagen lässt, dass man meinen könnte, der Herzschlag müsste bis an die Kirrung zu hören sein. Längst hatte ich das Glas gegen meine R93 getauscht und war im Anschlag, der Leuchtpunkt meines Absehens wechselte zwischen den beiden Sauen, die sich im Laub die Maiskörner suchten, hin und her.

Deutlich erkannte ich jede Einzelheit, zwei Überläuferkeiler. Wurf, Haupt, Teller, Schuss, ein ohrenbetäubender Knall zerriss diese stille, ruhige Winternacht.

Ich repetierte sofort nach und suchte die nähere Umgebung der Kirrung mit meinem Zielfernrohr ab. Dass die Sau lag, wusste ich schon, bevor der Schuss so richtig gebrochen war. Ich habe als Soldat gelernt „durch den Schuss zu schauen“, wer das kann, sieht sofort die Wirkung im Ziel. Selbst bei meiner Arbeit als Schießlehrer erkenne ich beim Pistolenschießen, ob und wo mein Schüler die Scheibe getroffen hat. Alles nur eine Frage der Übung.

Immer noch im Anschlag suchte ich durchs Zielfernrohr zwischen den alten dicken Buchenstämmen nach einer Bewegung oder nach etwas, was vorher noch nicht da war. Ich schwenkte zurück zur Kirrung, die Sau lag und schlegelte nicht einmal mehr. Hochkonzentriert, beide Augen geöffnet, den Finger lang am Abzug, wartete ich auf eine Bewegung. Da, unterhalb der Kirrung kam der zweite Überläufer hinter einer Buche hervor. Das Absehen auf dem Blatt, Schuss und wieder dieser Schussknall, der weit in den unter mir liegenden Wald schallte.

Ruhig und in der Gewissheit, gut abgekommen zu sein, suchte ich mit dem Glas die Umgebung der Kirrung ab. Die Sau am Trog lag etwas rechts. Unterhalb war der zweite Anschuss, aber nichts war zu sehen. So sehr ich auch mit dem Glas die Umgebung vor mir ableuchtete, es war keine zweite Sau zu sehen. Trotzdem machte ich mir darüber keine Sorgen, ich kannte meine sichere Art zu schießen und wusste, dass ich genau auf dem Blatt abgekommen war. Das behaupten sicher viele von sich und ihren Schießkünsten, aber wenn ich wirklich etwas gut kann, ist das Schießen.

Das Display meines Handys zeigte 00:33 Uhr, verdammt spät, um meinen Jagdherrn, den Franz, aus dem Bett zu holen. Aber es half alles nichts, für zwei Sauen (hoffentlich zwei Sauen) brauchte ich Hilfe. Franz ist ein alter, sehr lieber Freund und Jagdkamerad. Es ist Pächter von einem der schönsten Reviere in meiner näheren Umgebung, und immer wenn es geht, helfe ich ihm „mit den Sauen“.

Mitten in der Nacht kommt einem das Klingeln ewig vor, aber ich war überrascht, dass Franz nach dem sechsten Klingeln dran war: „Ja, Zinsmeister!“

„Du, Franz, ich habe zwei Schweine geschossen, kannst du mit dem Traktor kommen und mir helfen?“

„Bist du oben am Sand?“, fragte er mich, und ohne meine Antwort abzuwarten sagte er, er wäre in zehn Minuten hier.

Friedlich lag die eine Sau vor mir im Kegel der Taschenlampe. Der Einschuss genau auf dem Teller. Ja, ich bin zumindest ehrlich, ich schieße an der Kirrung, wenn alles passt, bei Schweinen aufs Haupt!

Ich stampfte durch das Laub hinunter zum zweiten Anschuss und sah sofort viel Schweiß, zehn Meter weiter hatte der Überläufer schon den ersten Baum gestreift, der Kegel meiner Lampe folgte dem Schweiß, bis ich nach weniger als 50 Metern vor der verendeten Sau stand. Jetzt war wieder so ein Moment, wenn ich jetzt eine Zigarette bei mir hätte, würde ich mir eine anzünden.

Schon nach wenigen Augenblicken des Innehaltens und der Dankbarkeit durchflutete ein fremdes Geräusch die Stille der Nacht. Klar, den Franz hätte ich beinahe vergessen, dieses Geräusch war sein Traktor, der in der Nacht ganz anders klang als tagsüber (oder lag das nur daran, dass ein solches Geräusch nie in der Nacht zu hören ist?). Egal, oben auf der Anhöhe sah ich schon den Lichtkegel seines Traktors, der sich im selben Augenblick hangabwärts bewegte und den Wald mit Licht und Lärm durchflutete. Das Schwein, bei dem ich stand, zogen wir bestimmt 200 Meter weiter nach unten zu einem Forstweg, damit wir es bergen konnten.

Bis um halb vier standen wir beide in seiner Wildkammer, hatten die beiden Schweine versorgt und selbstverständlich der Tradition entsprechend „totgetrunken".

Nach solchen Erlebnissen kann ich nicht einfach ins Bett und einschlafen, zu viele Gedanken gehen mir dann durch den Kopf, sodass ich mir immer noch einen Kaffee mache und so langsam abschalten kann.

Am übernächsten Tag, es hatte inzwischen geschneit, war ich mit Orgo im Wald, um die Fernwechsel zu kontrollieren und mir im frischen Schnee die Saufährten zeigen zu lassen. Schwarz- oder Rotwildfährten im Schnee sind eine hervorragende Möglichkeit, seinen Hund sicher auf die Schalenwildfährte auszubilden, nur jetzt kann der Führer sicher sein, dass sein Hund tatsächlich einer folgt. Lassen Sie Ihren Hund gewähren, loben Sie ihn und gehen Sie mit ihm die Fährte entlang, solange Sie sicher sind, dass es eine Sau- oder Hirschfährte ist. So wird er lernen, dass er keiner Rehfährte folgen soll.

Nachdem dieses Ritual zu einem festen Bestandteil unserer Ausbildung geworden war, war es eine Freude, ihm zuzuschauen, wie toll er mir die Rotte, aber auch die einzelne Sau anzeigte, die in der Nacht unseren Weg gekreuzt hatte. Für ausgiebiges Loben ist kein Hund zu alt, also ließ ich ihn ein paar hundert Meter dieser Fährte nachhängen und überschüttete ihn mit Lob.

Zufällig kamen wir auf dem Weg nach Hause in die Nähe der Stelle, wo ich vor zwei Tagen die Schweine geschossen hatte. Ganz plötzlich kam mir der Gedanke, einfach mal als „Spaziergänger zufällig" über diese Anschüsse zu laufen und nur den Hund beobachten. Ich machte mir aber auch nichts vor, der Anschuss war 50 Stunden her, und es hatte mindestens fünf Zentimeter Neuschnee. Ich entschied mich für den Anschuss mit dem Blattschuss, weil die Sau mit dem Tellerschuss an Ort und Stelle liegen geblieben war.

Wir stampften also durch den Winterwald in Richtung der Abteilung „Im Sand", mein Orgo etwa zehn Meter vor mir. Links oberhalb an einer mächtigen Buche angelehnt erkannte ich den verschneiten Hochsitz, auf dem ich zwei Tage zuvor gesessen war. Gleich müssten wir quer über die Fluchtfährte laufen. Plötzlich riss es ihn, wie vom Blitz getroffen blieb mein Hund stehen, um intensiv zu wittern. Ich tat so, als ob ich ihn gar nicht sah und ging von der Fährte weg in die entgegengesetzte Richtung. Als ich mich nach ca. 30 Metern umdrehte, scharrte er im Laub. Auf mein Rufen und Locken reagierte er überhaupt nicht, jetzt wollte ich ihn herausfordern und ging weiter. Nachdem ich ca. 100 Meter weg war und keinen Sichtkontakt zu ihm hatte, hörte ich ihn „Laut geben". Kein Hatzlaut oder Standlaut, wie er es an der Sau oder Katze machte, nein, ein einfacher, immer wiederkehrender monotoner, tiefer Laut. Als wollte er mich zu sich rufen. Das war seit Wochen, ja, Monaten, das Schönste, was ich erlebt hatte. Ich wusste, der Laut galt mir: „Komm her, ich habe da etwas gefunden, geh nicht weg, komm her!"

Von weitem sah ich, wie er im Schneelaub saß und nach mir rief. Erst als ich unmittelbar bei ihm war, hörte er auf zu bellen und verwies intensiv im Laub.

„Brav, mein Lauser, such verwund!" Und wie von Zauberhand folgte er dieser 50 Stunden alten Fährte, als wäre sie von heute Morgen. Er zeigte mir den Schweiß, wo die Sau an der Buche gestreift war und verwies mir das Wundbett, wo sie zusammengebrochen war. Aber nicht genug, nach kurzem Bögeln zog er weiter und folgte der Fährte bis zu dem Forstweg, wo Franz und ich die Sau auf den Traktor verladen hatten.

Ich wusste gar nicht, worüber ich mich mehr freuen sollte, dass er seinen Führer „gerufen" hatte und stur bei der Fährte geblieben war oder über seine außergewöhnliche Fährtensicherheit und Nasenleistung. Ich glaube daran, dass nichts zufällig geschieht, alles hat seine Vorbestimmung und seinen Sinn. Dieses Erlebnis war für mich so prägend, dass ich von diesem Zeitpunkt an nie wieder zweifelte, ob mein Hund nun die Fährte hatte oder nicht. Jetzt war unsere Zeit des Zusammenwachsens vorbei, wir beide waren Gefährten, Jäger, die von nun an unerbittlich getrieben durch gegenseitiges blindes Vertrauen Beute machen wollten.

Ich kniete im Schnee, streichelte meinem Hund sanft über sein Haupt und den Behang und dachte an meinen Gero. Als wäre die Zeit nie vergangen, das Schreckliche nie geschehen, in diesen „drei Minuten" waren wir wieder zusammen. Noch immer kommen mir die Tränen, wenn ich daran denke, es gibt kein Vergessen.

Obwohl ich höchstwahrscheinlich gerade einem „noch besseren" Schweißhund über sein Haupt streichelte, werde ich meinen ersten Schweißhund nie vergessen, denn das, was ich weiß und kann, hat er mir beigebracht. Geduld, Verzeihen, Ruhe,

Vertrauen, aber auch den Mut zu haben, mit der Ausbildung und im täglichen Umgang mit dem Hund mal ganz neue Wege zu gehen. Ich habe ihn zwar nicht mehr bei mir, aber ich werde ihn nie aus dem Sinn verlieren, und solange ich lebe, werde ich an sein Grab kommen und einfach meinen Gedanken freien Lauf lassen.

Ich werde immer einen Schweißhund an meiner Seite haben. Und einer meiner besten wird mein Orgo sein. Wir haben bis jetzt Nachsuchen erlebt, die uns nur jene glauben, die uns begleitet haben.

Ein befreundeter JGHV-Richterobmann, der mich bei einer Nachsuche begleitete, sagte einmal zu mir, als wir die Suche auf einen Gebrechschuss nach sieben Stunden mit Erfolg beendet hatten: „Ich hatte ja keine Ahnung …!"

Nach erfolgreicher Suche

Undank ist des Menschen Lohn

Manchmal ist man ja stolz auf sich selbst, egal welche Leistung man vollbracht hat. Jeder hat dieses Gefühl schon einmal erlebt, alles richtig gemacht zu haben. Jedes Mal, wenn ich gerufen werde, egal ob wir das Stück gefunden haben oder nicht, bin ich stolz darauf, es wenigstens probiert zu haben. Ich will damit sagen, dass ich eine Nachsuche nicht durchführe, um einem Jäger, der ein Stück angeschweißt hat, einen Gefallen zu tun. Ich komme wegen des Tieres, das mit einer Verletzung in irgendeiner Dickung liegt und auf den Tod wartet. Und das mit dem Tod ist so eine Sache, der kommt oft trotz schwerer Verwundung nicht sofort, sehr oft lässt er sich verdammt viel Zeit. Nur wer dieses Leid gesehen hat, so oft wie ich, kann verstehen, dass ich von meinem Hund und von mir alles abverlange, damit eine arme, verwundete Kreatur so rasch wie möglich erlöst wird. Wenn wir ein Stück nicht finden, brauche ich nach all diesen Jahren immer noch Tage, um zu vergessen, warum wir nicht ans Stück gekommen sind. Darum ist jeder, der einen Nachsuchenführer ruft, auch wenn es nur eine Kontrolle ist, für mich ein guter Mensch. Machen wir uns nichts vor, eine Nachsuche kann immer und jedem passieren, wer das anders sieht, dem sage ich: „Es ist nur eine Frage der Zeit, bis ich vor deiner Tür stehe!“

Aber um wieder zurückzukommen auf den Stolz: Ja, ich bin sehr stolz auf das, was ich tue, stolz bin ich auch darauf, dass ich seit nunmehr 13 Jahren bei Bewegungsjagden als Nachsuchenführer auf dem Truppenübungsplatz (TrÜbPl) Hohenfels arbeiten kann. Nicht um des Jagens willen, sondern um der Kreatur willen. Ich diene dem Tierschutz aus voller Überzeugung, obwohl man diese Meinung sicher auch aus einer anderen Perspektive betrachten kann. Ist es Tierschutz, was ich betreibe? Wenn ich komme, endet es immer mit dem Tod! Ist Tierschutz nicht, es zu verhindern, dass es überhaupt so weit kommt, dass ich gebraucht werde? Darüber denke ich oft nach: Ich versuche erst gar nicht, diesem Tier zu helfen, obwohl das in der einen oder anderen Situation sicherlich gehen würde, ich bringe nur den Tod. Ich denke dann jedoch daran, dass ich oft genug über Kimme und Korn in die qualvoll blickenden Augen eines verwundeten Hirsches oder einer Sau geschaut habe und mit all meinen Sinnen erkannt und verstanden habe, dass dieses Stück froh war, erlöst zu werden.

Wenn ich über Stunden hochkonzentriert zusammen mit meinem Gefährten nur das eine Ziel vor Augen habe, verschwindet die Realität, und ich werde zum Jäger „im eigentlichen Sinn“. Wenn ich mein Gewehr vom Rücken hole und mich zum Geläut meines Hundes pirsche, ist das nie Routine, es ist nicht das Bedürfnis zu töten, sondern das Bedürfnis und der feste Glauben daran, etwas Gutes zu tun. Und ich glaube fest daran, dass in diesem Augenblick für den Zeitraum eines Wimpernschlags eine Art Kommunikation zwischen Tier und Mensch stattfindet. Ich habe es oft genug erlebt. Und wenn ich dann bei diesem erlösten Stück knie und ihm über sein Haupt streichle, überkommt mich jedes Mal das Glücksgefühl, etwas Gutes getan zu haben.

Das ist meine Motivation, der Motor, der mich antreibt, und ich werde, solange es mir gesundheitlich möglich ist, jede Nachsuche der Jagd vorziehen. Leider stehe ich mit dieser Einstellung fast alleine da.

Wie gesagt, bin ich mittlerweile seit 13 Jahren auf dem TrÜbPl Hohenfels bei fast allen Bewegungsjagden als Nachsuchenführer dabei. Nicht oft, aber zwei-, dreimal im Jahr nehme ich auch als Schütze an solchen Bewegungsjagden teil. Ich hatte für November 2015 eine Einladung von einem Förster, bei dessen Bewegungsjagden ich schon öfter als Schütze dabei war. Es ist ein schönes kleines Revier mit reichlich Schwarzwild und einem kleinen Bestand Damwild, das Georg weit weg vom Übungsplatz als Außenstelle betreut. Ich freute mich auf diesen Tag, obwohl ich erst mal 100 Kilometer Anfahrt hatte. Es war ein für November herrlicher Tag vorausgesagt, und als ich um 08:00 Uhr ankam, schien bereits die Sonne. Die Begrüßung war herzlich, wir kannten uns zwar erst seit Kurzem, aber ich mochte ihn. Nachdem er seinen „eigenen" Nachsuchenführer für seine Jagden hatte und ich dafür vollstes Verständnis habe, wollte ich mich nicht aufdrängen. Es war jeweils für den Vormittag und für den Nachmittag ein Trieb geplant.

Ich hatte einen vielversprechenden Stand inmitten eines sumpfigen Erlenbestandes, bestimmt ein guter Platz für Sauen, dachte ich mir. Wie so oft, wenn man viel zu früh auf seinem Stand ist, wollte die Zeit, bis das Treiben begann und endlich das „Jiff, Jiff, Jiff" der Dachsbracken durch den Wald schallte, einfach nicht vergehen. 20 Minuten nach Jagdbeginn jedoch wechselte meine euphorische Anspannung der Ernüchterung, und je näher der Zeiger der Uhr Richtung zwölf wanderte und nur fünf Schüsse zu hören waren, war ich in der Realität angelangt. Ein Damschmaltier und drei Rehe lagen am Vormittag auf der Strecke, etwas wenig für 50 Schützen. In der Mittagspause stärkte ich mich bei Gulaschsuppe mit Semmeln und führte ein gutes Gespräch mit einer sehr passionierten Stöberhund-Führerin. Während dieses Gespräches klingelte mein Handy, das Display zeigte den Namen „Michel". Michel ist ein guter Freund und Revierförster bei mir zu Hause. Das kann nur eine Nachsuche sein, dachte ich mir noch, als ich das Gespräch annahm.

„Ich brauche ganz dringend deine Hilfe", begann er das Gespräch. „Ein ‚Pirschbezirkler' hat heute Nacht auf eine starke Sau geschossen und probiert schon den ganzen Vormittag mit irgendeinem Hund, den ihm ein Jäger geliehen hat, diese Sau zu finden. Grad eben hat er mich angerufen und hat mir die Situation geschildert, er findet die Sau nicht! Kannst du kommen?" Ohne meine Antwort abzuwarten, fuhr er fort: „Wir können uns um 14:00 Uhr an der alten Weide treffen!"

Jetzt stand ich da, den Michel am Telefon, der von mir noch nie ein „Nein" oder „Ich hab keine Zeit" gehört hatte, 100 Kilometer von der alten Weide entfernt beim Georg auf der Drückjagd.

Natürlich sagte ich: „Du Michel, bis 14:00 Uhr wird knapp, machen wir doch halb drei!"

Ich hatte kaum ausgesprochen, schon hatte Michel ohne noch ein Wort zu verlieren aufgelegt. Der wird sich jetzt den Schützen mit dem Leihhund vornehmen.

Ausgerechnet jetzt war Georg nirgends zu finden, ein Ansteller sagte mir, dass er grad eben mit seinem Pick-up weggefahren sei. So ein Mist, aber ich konnte ihn ja während der Heimfahrt anrufen. Gedacht, getan, nichts wie los, denn für einen Nachsuchenführer gibt es nichts Schlimmeres, als „Tageslicht zu verbrennen!"

Kaum hatte ich ein paar Kilometer hinter mir, klingelte mein Handy, Georg vermisste mich anscheinend schon.

„Wo bist du denn? Deine Gruppe ist schon auf dem Weg zu ihren Ständen!", fragte er mich mit vorwurfsvoller Stimme. Ich erklärte ihm die Sache und entschuldigte mich für mein Verhalten, bat aber gleichzeitig auch um Verständnis für meinen Entschluss.

„Ist schon gut, aber das nächste Mal gibst du mir früher Bescheid!", waren seine Worte, und für mich war die Angelegenheit, die eigentlich nie eine war, vergessen.

Pünktlich um halb drei war ich an der alten Weide und wurde von meinem Freund Michel und dem Schützen, der seinen „Leihhund" bereits wieder abgegeben hatte, mit düsterer Miene erwartet. Nach kurzer Begrüßung schilderte mir der Schütze die Lage.

Er hatte gegen 23:20 Uhr auf eine Sau geschossen, die in einem „Rudel" von ungefähr 20 Stück, es könnten auch ein paar mehr oder weniger gewesen sein, an seine Kirrung gekommen waren. Weil das Licht eher schlecht war, konnte er die kleinen Sauen zwar in seinem Fernglas erkennen, aber sobald er durch das Zielfernrohr schaute, sah er nur noch die großen. „Das habe ich ein paar Mal versucht, dann habe ich halt auf eine Große geschossen!"

Na wenigstens bist du ehrlich, dachte ich mir noch. Das ist kein Vorwurf, ich erzähle wahre Geschichten, Romane gibt es viele zu kaufen. Geschichten aus meinem Leben für die Jagd, ganz ungeschminkt, wie sie eben passiert sind. Niemals würde ich mich hinstellen und besserwisserisch einen Jäger belehren. Warum? Weil ich selbst nicht weiß, wie ich in einer bestimmten Situation gehandelt hätte.

Auch seinen Nachsucheversuch verstand ich gut, Hut ab, er wollte ja nur Gutes tun und die Sau selber finden. Und als das nicht gelang, hatte er sogar den Mut, seinen Förster anzurufen, damit die Sau gefunden wird.

Zurück zum Vorabend: Nach dem Schuss konnte er nichts mehr sehen. „Ich war total blind, sah nur noch Sternchen und helle Blitze, und auf einmal habe ich ganz arg gefroren!“

Eher zufällig trafen sich in diesem Moment Michels und mein Blick für einen sprichwörtlichen „Augenblick“, und wir mussten beide über diese Aussage schmunzeln. Michel sagte nur: „Das mit dem Frieren kann dir auch im Sommer passieren!“

Ohne den Sinn von Michels Bemerkung zu verstehen, erzählte der Schütze weiter, was sich am Vorabend zugetragen hatte: „Die Sau stand ungefähr da hinten am Trog, dann habe ich geschossen!“

Meine Frage war sofort: „In welche Richtung zeigte ihr Haupt?“ Etwa 90 % der Wildschweine flüchten in die Richtung, in die bei der Schussabgabe ihr Haupt zeigt. Ausnahmen bestätigen die Regel, aber es ist wenigstens ein Anhaltspunkt, wenn ich als Nachsuchenführer sowieso nur vage und ungefähre Angaben bekomme.

„Ich glaube nach rechts in den Eichenjungbestand! Schweiß habe ich keinen gefunden, aber der Hund von meinem Bekannten wollte hier überhaupt nicht suchen, sondern hat da drüben immer in die jungen Fichten gezogen!“

Das sind die Augenblicke, die ich so mag, für mich beginnt jetzt die Vorbereitung auf die Arbeit mit meinem Hund. Ich stelle Fragen, die für Außenstehende keinen Sinn ergeben, wie die oben gestellte: „In welche Richtung hatte das Stück sein Haupt?“ Oder: „Wo waren überall Schweine? War es alleine? Mit welchem Kaliber hast du geschossen? Was hast du wo nach dem Schuss gehört?“

Diese Fragen dienen weniger als Information, vielmehr meiner Beruhigung und stärken das Bewusstsein, meinem Hund ein über alles erhabener Rudelführer zu sein. Natürlich lenkt dies auch den Schützen von seinem „schlechten Gewissen“ ab, das er gar nicht zu haben braucht, und entspannt die gesamte Situation ungemein. Jene, die mich bei der Nachsuchenarbeit kennengelernt haben, bestätigen mir immer wieder, dass ich durch diese Ruhe und Gelassenheit, die ich ausstrahle, eine hoffnungsvolle Aura schaffe. Und das ist wichtig, denn auch hier gilt wie stets im Leben: Man kommt nur mit positiver Einstellung und positivem Denken weiter.

Meine einzige Frage, die wirklich wichtig war, war die: „Der Hund deines Bekannten, ist das ein Rüde oder eine Hündin? Und wenn es eine Hündin ist, weißt du, ob sie läufig ist oder nicht?“

„Keine Ahnung! Ich glaub, es war eine Hündin, denn ihr Name war Bella!“ Der Supergau bei einer Nachsuche mit einem Rüden ist, wenn vor ihm eine läufige Hündin auf der Fährte war. Am allerbesten wäre in so einem Fall, sofort mit dem Rüden nach Hause zu fahren. Kein Rüde dieser Welt wird eine Verwundfährte voranbringen, auf der sich eine läufige Hündin versucht hat.

„Also gut, das müssen wir jetzt herausfinden“, war meine Antwort und gleichzeitig der Startschuss für die Nachsuche beziehungsweise der Abbruch von diesem „Vorgeplänkel“.

Ruhig, ohne jede Hektik stand ich am Kofferraum meines Autos, mein Orgo saß tiefenentspannt vor mir und beobachtete mich: Ich zog meine Nachsuchenjacke an, schlaufte das schwere Abfangmesser in den Gürtel, repetierte die Patronen ins Patronenlager, unterlud und entspannte gleichzeitig meine Büchse, zielte noch kurz probehalber über Kimme und Korn (denn ich hatte schon einmal das Erlebnis, dass ich kein Korn mehr hatte). Ich steckte noch die groben Waldarbeiterhandschuhe in den Hosensack, dann war ich fertig. Mein Handy verstaute ich in der rechten, das Markierungsband in der linken Brusttasche. Warnhalsung, Schweißriemen und das GPS-Gerät lagen bereits auf dem Autodach, und mein treuer Gefährte wusste genau, dass jetzt er dran war mit dem „Fertigmachen zur Nachsuche“.

Während all dieser Vorbereitungen spreche ich jedes Mal unentwegt, mit langsamer, ruhiger und monotoner Stimme mit meinem Hund. Manche meiner Bekannten sagen: „Wie ein altes Ehepaar!“ Dieses Ritual wiederhole ich immer und immer wieder, auch zum hundertsten Mal ist es immer gleich in seiner Reihenfolge, nie anders. Das hat nichts mit Aberglauben oder irgendeinem anderen Humbug zu tun, nein, so kennt es mein Hund. Solche Rituale können nur durch zigfache Wiederholung in „Fleisch und Blut übergehen“ und machen einen Hund zum guten Nachsuchenhund. Wenn mein Hund die ersten Meter auf der Fähre verbringt, weiß er sofort, was hier Stunden zuvor los war, er braucht keine langen Reden, Fragen und Erklärungen, ein paar Meter reichen völlig und er weiß, wie viele Schweine hier waren, wie alt die Fährten sind, wie viele Hunde schon auf der Fährte waren. Und vor allem er weiß genau, warum hier Menschen herumstehen und ihn mit großen Augen anstarren. Ein Jagdhund, der fünfmal im Jahr aus seinem Zwinger gelassen wird und bei Bewegungsjagden nur Rehe hetzt, ist überfordert, wenn man ihn mal schnell aus dem Kofferraum holt und sagt „Jetzt mach mal!“

Als wir also an diesem Novembernachmittag über die kleine Waldwiese zum Trog liefen, wusste mein Hund längst, was hier vor 14 Stunden los war. Um nicht ganz als Unbeteiligter bei meinen Jägerkollegen dazustehen, gab ich ihm das Kommando: „Such vorhin verwund!“ Eigentlich total überflüssig, denn das Kommando hatte, seit wir das Auto verlassen haben, mein Hund.

Wie Sie richtig erkannt haben, gehe ich in Situationen wie dieser gar nicht mehr zum Anschuss. Schweiß, wenn denn welcher da wäre, hätte jeder gefunden, ebenso Haare/Borsten. Pirschzeichen (Eingriffe, Ausrisse, Trittsiegel) haben die, die vor mir da waren, schon längst plattgetreten. Hier kann nur noch ein guter Hund weiterhelfen, er muss den Anschuss definieren, den Abgang finden und dann, ab etwa 20 Metern nach dem Anschuss, kann ich als Nachsuchenführer wieder versuchen Schweiß, Trittsiegel und Ähnliches zu finden.

Irgendwie lustlos, wie in Zeitlupe, als ob er lieber daheim auf dem Sofa wäre, witterte mein Orgo die nähere Umgebung des Troges ab. Er hatte zwar die Nase tief auf der Erde, von hinten sah es aus, als ob er mehr mit den Lefzen als mit der Nase suchen würde. Wer noch keinem Hannoverschen Schweißhund bei der Arbeit zugeschaut hat, könnte durchaus diesen Eindruck bekommen. In Wirklichkeit bedeutet es höchste Konzentration, das Sondieren von unterschiedlichsten Geruchseindrücken, die nur Nuancen auseinanderliegen. Und wenn ich sage „als ob er mit den Lefzen sucht", dann ist das meine Überzeugung, dass nicht nur die Hundenase eine entscheidende Rolle spielt, es sind vor allem auch die Lefzen des Hundes, die sozusagen den Geschmack des verletzten Wildes aufnehmen. Das ist meiner Meinung nach die Einzigartigkeit dieser Hunderasse, die leider oder vielleicht zum Glück nur diese Rasse hat. Zeitlupenartig, oft mehrere Sekunden, die einem vorkommen wie Minuten, wittert er an verdorrten Blättern, an Sträuchern, an Grashalmen. In dieser Phase bleibt mir nichts anderes übrig als abzuwarten, es dauert eben, so lange es dauert. Für die meisten Jägerkollegen ist das total unverständlich, sie sind es gewohnt, dass der Hund mal kurz über die Kirrung springt und anschließend seinen Führer am Schweißriemen durch den Wald zieht.

Mittlerweile waren auch diesmal schon gut fünf Minuten vergangen, und mein Orgo hatte die nähere Umgebung des Troges noch immer nicht verlassen; als ob er jedes Blatt und jeden Stein umdrehen wollte, bewitterte er die Umgebung vor sich. Und wie von Geisterhand, als die Gesichter meiner Begleiter immer länger wurden, zog er, wie ich es vermutet hatte, in das Eichenjungholz, in die Richtung, in die das Haupt der Sau gezeigt hatte. Als ich zu meinen Begleitern zurückblickte, schienen beide etwas überrascht, dass sich mein Hund wohl doch bewegen konnte. Sie standen an der Kirrung und schauten mich fragend an.

„Auf geht's, Hans, unauffällig folgen!", sprach ich beide an, was nur spaßig gemeint war. Denn was ab jetzt auch immer geschehen mochte, niemand würde meinen Hund mehr von dieser Fährte bringen.

Es ging mitten durch das Eichenjungholz hinein in die gegenüberliegende Fichten-/Buchenverjüngung. Nichts war zu sehen, kein Schweiß, nur das umgedrehte Laub von den Sauen, die hier ihren Einstand hatten. Ich stand noch in dem Eichenjungholz, mein Hund war bereits in der Dickung, als sich plötzlich der Schweißriemen nicht mehr bewegte. Ein gutes Zeichen, wahrscheinlich hatte mein Orgo

Schweiß, ein Wundbett oder Ähnliches gefunden und verwies es gerade. Um das nicht zu verpassen, ging ich auf die Knie und krabbelte auf allen vieren den Schweißriemen entlang. Ich war kaum wenige Meter in diesem Verhau, da sah ich meinen Hund schwanzwedelnd bei der toten Sau.

Das war's, so schnell kann es gehen, das ist „Alltagsgeschäft". Es sind sehr oft diese „einfachen" Suchen, ohne einer Fährte kilometerlang nachhängen zu müssen, kein Raufen mit der Sau und keine Hetze. Aber trotzdem werden hierfür gute Nachsuchenhunde gebraucht, nicht solche, die Enten aus dem Wasser holen oder bei Bewegungsjagden das Wild bringen, sondern eben Spezialisten auf der Schweißfährte. Es wird angenommen, dass jede zweite Sau, die aus unterschiedlichsten Gründen nicht nachgesucht wird, einen tödlichen Schuss hat. Anhand der Schwarzwildstrecke in Deutschland kann man sich also leicht ausrechnen, wie viele Schweine verendet im Wald zurückbleiben.

Meine Begleiter an diesem Novembertag waren jedenfalls total begeistert, und das zu Recht, hat doch mein Hund den ersten reifen Keiler dieses Jungjägers gefunden. Mit einem freudigen Weidmannsheil und den Worten „Doch alles richtig gemacht!", übereichte ich ihm seinen Fichtenbruch.

Es bewahrheitet sich wieder mal dieses ungeschriebene Gesetz vom „Dusel" der Jungjäger. Dieser Brasse war etwa im sechsten Lebensjahr und hatte entsprechende Waffen, vom Gewicht war er recht mager (etwa 65 Kilogramm), was jedoch zu dieser Jahreszeit seinen Aktivitäten bei den Wildschweindamen geschuldet war. Ich war heilfroh, dass dieser Kerl so einen guten Schuss hatte, denn zu so einem mit Keulenschuss in eine Dickung zu krabbeln macht nicht gerade Spaß!

Nirgends kann ich so vollkommen das Zeitgefühl verlieren wie auf einer Nachsuche. Als ich mein Handy aus meiner Nachsuchenjacke holte, um auf die Uhr zu schauen, war es 16:09 Uhr. Im Wald schwindet das Licht viel früher als in der Flur, darum ist es für uns Nachsuchenführer mit das Wichtigste, „kein Tageslicht zu verbrennen"! Wenn es zu finster ist, würde ich meinen Hund nicht auf eine Sau schnallen.

Nach einer kurzen Verabschiedung ließ ich die beiden mit ihrer Beute zurück, denn ich wollte nach Hause zu meiner Frau, die bestimmt etwas Leckeres auf dem Herd hatte.

Froh, mit einem zufriedenen Lächeln auf den Lippen und meinem Hund neben mir auf dem Beifahrersitz fuhr ich auf dem Forstweg durch den heimatlichen Wald Richtung Bundesstraße. Stolz wie ein Jäger, der Beute gemacht hatte, saß Orgo neben mir und schaute vor uns auf den Waldweg, als ob er den Wagen lenken würde.

Wortlos streichelte ich ihm übers Haupt, und wir beide waren total zufrieden (wie ein altes Ehepaar eben).

Der „Kaiserjägermarsch“, mein Handy-Klingelton, riss uns beide aus unserer Zufriedenheit.

Natürlich, wie immer lag das „Scheiß-Ding“ hinten im Kofferraum, noch in meiner Jackentasche.

„Vorne an der Bundesstraße muss ich sowieso anhalten, da kann ich schauen, wer es war“, dachte ich mir noch. Es konnte ja eigentlich nur meine Frau gewesen sein, oder brauchte Michel doch noch meine Hilfe, um die Sau zu bergen?

Weder noch! Ich war nicht sonderlich überrascht, dass es Armin war. Er ist Förster beim Bundesforst auf dem Truppenübungsplatz Hohenfels, ein totaler Hundenarr und begnadeter Nachsuchenführer, der eine Dachsbrackenhündin führt. Seine „Puma“ ist einer der besten Hunde, die ich je auf der Verwundfährte gesehen habe, mit einem unbändigen Finderwillen und Beutetrieb, wie ihn leider nur sehr wenige Hunde haben. Ich sagte schon oft zu ihm: „Schade, dass man das nicht gezielt in der Zucht weitervererben kann.“ Nicht nur ich werfe ihm im Spaß häufig vor, er führe die falsche Hunderasse, denn dieses „kleine Miststück“ findet alles und lässt sehr wenig Nachsuchen übrig, sehr zum Leid der anderen Nachsuchenführer, die in Armins Gruppe eingeteilt sind. Ich war schon oft in Armins Gruppe eingeteilt. In unzähligen Einsätzen als Nachsuchenführer, aber auch als Jagdhelfer, die während der Jagd als „Durchgeher“ das Wild beunruhigen und auf die Läufe bringen, hatten wir die Möglichkeit, uns „zu beschnuppern“. Dadurch kennen wir uns gut und schätzen uns gegenseitig sehr. Es war bei uns beiden nie eine Art Konkurrenzdenken, sondern immer ein kollegiales Miteinander zweier Nachsuchenführer.

„Wenn der Armin mich anruft, muss es wichtig sein“, dachte ich mir, also wartete ich nicht, bis ich zu Hause war, sondern rief sofort zurück.

„Hallo Herr Förster, was kann ich für dich tun?“, meldete ich mich, als er das Gespräch annahm.

„Was hast *du* denn verbrochen? Der Chef will dich als Nachsuchenführer von der Liste streichen!“, erwiderte er mit sorgenvoller Stimme, die sich gar nicht vorwurfsvoll, sondern eher besorgt anhörte – nach dem Motto: „Was soll ich dann bloß ohne dich anfangen?“

„Häääääää??????!“ Ich hatte keine Ahnung, wovon er redete und hatte das Gefühl, als ob mir jemand ins Gesicht schlagen würde. „Was ist los, Armin?“, fragte ich. „Was habe ich denn verbrochen?“

„Du warst doch heute beim Georg auf der Jagd und hast dich einfach, ohne dich abzumelden, davongeschlichen. Der Georg hat dich beim Chef hingehängt, weil er vier Nachsuchen hatte, und der Chef hat mich daraufhin angerufen und gesagt, dass ich dich von der Liste streichen soll! Ich hab ihm gleich gesagt, dass das überhaupt nicht in Frage kommt, weil ich dich unbedingt brauche! Nach einem sehr intensiven Gespräch mit meinem Chef habe ich die Wogen geglättet mit dem Ergebnis, dass du weiterhin in Hohenfels nachsuchen darfst! Aber jetzt erzähl mal, was war denn heute beim Georg los?"

„Nachsuchen darfst!?!?!?", war meine spontane Antwort. Ich erzählte Armin die Geschichte meines heutigen Tages, mit dem deutlichen Hinweis, dass ich nicht als Nachsuchenführer, sondern als Schütze eingeladen war.

„Ich habe mir so etwas Ähnliches schon gedacht, darum habe ich dem Chef sofort etwas Wind aus den Segeln genommen. Trotzdem ist er sauer und wird dich nächste Woche, am Donnerstag, wenn die nächste Jagd ist, zu einem ‚Personalgespräch' bitten. Tu mir bitte den Gefallen und lass dir den ‚Anschiss' verpassen und widersprich ihm nicht, du weißt ja, wie er ist! Ich brauch dich dringend, du siehst doch selbst, was für Nachsuchenführer zu den Jagden eingeladen werden."

Da hatte er recht, die Qualität der Nachsuchenführer hat in den letzten Jahren extrem gelitten, viele sogenannte Nachsuchenführer wissen gar nicht, was überhaupt eine richtige Nachsuche ist. Diese Leute bewerben sich am Forstamt, und keiner überprüft, wie viele oder ob sie überhaupt jemals schon Nachsuchen gemacht haben. Leider kommt es auch vor, dass Hauptprüfungen für Nachsuchenhunde nicht so streng sind, wie sie sein sollten, und Gefälligkeiten oft eine Rolle spielen.

Ein befreundeter Jäger, der bei einer Jagd auf dem „Platz" ein Kalb beschossen hatte, schilderte mir zum Beispiel, dass der eingeteilte Nachsuchenführer mit seinem BGS kam, im Schlepptau einen Richter. Am Anschuss war reichlich Schweiß, nach 100 Metern wurde das Kalb hoch, worauf der Hundeführer seinen BGS schnallte. Nach einer Hatz von ca. 600 Metern stellte der Hund das Kalb in einem Wasserrückhaltebecken, wo der Führer es erlegte. Der Richter beglückwünschte diesen Hundeführer zu einem „ersten Preis". Hallo? Ein erster Preis für diese Leistung? Das ist für mich nicht mal eine Nachsuche, die ich aufschreibe.

Solche Umstände, ein derartiges Vorgehen bei Prüfungen, finde ich sehr bedenklich. Denn wenn so etwas Normalität wird, nur damit ein Freund oder Bekannter die Hautprüfung für seinen Hund bekommt, ist das nicht zielführend für unseren Auftrag im Sinne des Tierschutzes und außerdem beschämend.

Zurück zu meinem von Armin angekündigten Gespräch mit dem Chef: Ich hatte kein Problem damit, mit ihm wie gewünscht zu reden, was mich störte, war die Bemerkung, dass ich weiterhin nachsuchen „darf". Das ging vollkommen gegen meinen Verstand und meine Auffassung und Einstellung als Nachsuchenführer, weil ich diese Aufgabe als Berufung und nicht als Job oder Hobby sehe.

Ich war sehr froh, dass Armin sich so für mich stark gemacht hatte und versprach ihm, bei meinem Gespräch mit dem Chef nicht auf Konfrontation zu gehen. Jedoch beschäftigte mich unser Telefonat derart, dass ich nur noch darüber grübelte: „Seit

13 Jahren bin ich als Helfer und Nachsuchenführer für den Bundesforst im Einsatz, ehrenamtlich, ohne jemals etwas dafür bekommen zu haben. Ich fahre zu jeder Jagd mehr als 300 Kilometer, nehme dafür jedes Mal Urlaub, setze die meine und die Gesundheit meines Hundes aufs Spiel, nur um von einem aufs andere Mal von der ‚Liste' gestrichen zu werden. Wer bin ich denn?"

Nicht, dass ich für meine Nachsuchenarbeit etwas erwarten oder verlangen würde, aber die Androhung, wegen einer so aufgebauschten Lappalie aus meiner ehrenamtlichen Tätigkeit rausgeschmissen zu werden, zeigte mir doch ein gewisses Unverständnis gegenüber der Kreatur und meiner Arbeit. Denn nicht nur diejenigen, die solche Jagden hauptberuflich betreiben dürfen, arbeiten an diesen Tagen, es gibt viele andere, sogenannte Jagdhelfer, ohne die solche Jagden nicht stattfinden würden. Ich hatte immer geglaubt, dass meine Arbeit mit Respekt entlohnt würde – anscheinend hatte ich mich insofern getäuscht.

Das ist mein Leben, ich habe es nicht nötig, nachsuchen zu „dürfen". Ich stelle niemanden an den Pranger oder maße mir an, über andere zu richten, doch wenn ich für meine Überzeugung eintrete, werde ich mich nicht in eine Ecke stellen und den Mund halten.

Es war ein endloses Warten, Grübeln und wieder Vergessen. In Gedanken stellte ich mir dieses Gespräch mit dem Chef in dutzenden Varianten vor und legte mir mögliche Antworten zurecht, wusste aber genau, dass das Gespräch und auch meine Antworten anders lauten würden als in meinen Gedanken. Mir wurde nach Tagen klar, dass ich nur durch Sachlichkeit überzeugen und ohne jede Emotion in ein solches Gespräch gehen konnte.

An besagtem Tag klingelte mein Wecker wie schon so oft in all den vielen Jahren um 05:00 Uhr. Als ich aus dem Schlafzimmer über den Flur ins Bad ging, stand bereits mein Orgo vorne an der Haustür und wusste, dass ein Jagdtag bevorstand. Eine schnelle Katzenwäsche, ein schneller Kaffee, und zehn Minuten später stand ich bei meinem Hund an der Haustür. Vergessen waren die Gedanken über einen „Anschiss" oder eine Standpauke, ich freute mich wie jedes Mal riesig auf den heutigen Tag mit meinem Hund und – so Gott will – vielleicht auf eine Suche.

Wie fast immer war ich einer der Ersten am Streckenplatz, der gleichzeitig der Treffpunkt am Morgen war. Kalt und nebelig war dieser Dezembermorgen, tiefgrau hingen die Nebelwolken in den Jurabergen von Hohenfels, die angehende Morgendämmerung tat ihr Übriges und tauchte die Landschaft in ein unwirkliches Licht.

Es ist schwierig, die Situation, meine Gedanken und das, was ich an diesem Morgen fühlte, jetzt in Worte zu fassen. Einerseits fühlte ich mich stur und uneinsichtig (wie ich oft war und bin): „Ich habe es doch überhaupt nicht nötig, mich von ihm ‚anpfeifen' zu lassen!" Im nächsten Moment wollte ich deeskalierend vorgehen, wie ich es im Beruf gelernt habe und immer wieder anwenden muss: „Sag einfach nichts und lass es über dich ergehen, wie Armin gesagt hat.“

Mir war klar, wenn ich den Sturkopf raushängen ließ, wäre das mein letzter Tag in Hohenfels. Selbst wenn ich den Forstamtsleiter noch von meiner Meinung überzeugen könnte, ich kenne mich zu gut: Ich würde vor lauter Sturheit, Uneinsichtigkeit, unangebrachter Verletztheit alles hinschmeißen.

Dass sich der Platz langsam füllte, kriegte ich überhaupt nicht mit. Gespräche mit Kollegen, die wie immer auf mich zukamen, waren „wie im Nebel verloren“, sodass ich mich im Nachhinein überhaupt nicht mehr daran erinnern konnte. Mein Kopf war ausschließlich damit beschäftigt, wie ich das Gespräch mit dem Chef führen würde. Mein Blick konzentrierte sich nicht auf meine Gesprächspartner, sondern wanderte über den Platz hin und her, um endlich den Chef zu finden, damit ich es hinter mir hatte.

Eine Hand legte sich auf meine Schulter, eine vertraute Stimme sprach mich von hinten an: „Herr Huber, haben Sie mal einen Augenblick Zeit?“ Er ging etwas abseits der großen Menschenmenge ein Stück des Weges bis hin zur alten Schirmkiefer, die markant am Rande des Streckenplatzes stand.

Freundlich wie er immer war, ohne den Chef raushängen zu lassen, aber trotzdem bestimmt, fragte er: „Also, Herr Huber, sagen Sie mal, was war denn da letzte Woche los? Ich habe so viel gehört, jetzt erzählen Sie mal!“

Kurz und knapp, deeskalierend mit dem Unterton der Einsicht eines Sünders im Beichtstuhl, schilderte ich ihm, warum ich die Jagdgesellschaft verlassen hatte. Mir war schon klar, dass er wahrscheinlich viel darüber erzählt bekommen hatte, aber wie das im Leben so ist, liegt die Wahrheit immer dazwischen.

„Ich muss sagen, dass ich so ein Verhalten nicht tolerieren kann. Wenn Sie im Bundesforst eingeladen werden, brauche ich Sie als Nachsuchenführer, dann können Sie doch nicht einfach die Jagd verlassen! Also wissen Sie, wenn ich Sie nicht schon so lange kennen würde und wüsste, dass auf Sie eigentlich immer Verlass ist, würde ich Sie nach Hause schicken!“

Ich stand vor ihm, mit einem demütigen Blick, biss mir auf die Zunge und sagte kein Wort.

„Jetzt reißen Sie sich wieder zusammen und machen Ihre Arbeit, dafür haben wir Sie eingeladen, ich brauche Sie hier, und ich muss mich auf Sie verlassen können, wie in all den Jahren zuvor! Verstanden?“

Ich nickte und sagte knapp: „Verstanden!“

Aus heutiger Sicht war mein Verhalten damals die richtige Entscheidung, in jenem Augenblick nach dieser Standpauke jedoch musste ich mich stark zusammenreißen, um nicht noch was zu sagen. Auf jeden Fall schwor ich mir sofort im Anschluss, diesen Förster, dem ich dienstlich einen sehr großen Gefallen getan hatte, bei seinen weiteren Jagden nicht mehr zu unterstützen (diplomatisch ausgedrückt).

Für den Rest der Saison war ich, wie ich von Armin erfuhr, in dessen Gruppe eingeteilt.

Zur „Wiedereingliederung", wie Armin es nannte. „Zu mir kommen immer die Härtefälle und müssen sich bewähren!", sagte er spottend.

Ich konnte nur darauf erwidern: „Für heute habe ich die Schnauze voll, ich brauch keinen dummen Spruch mehr!"

Trotzdem nahm ich meine „Strafe" so hin und zog von nun an mit Armin meine Kreise als Beunruhiger am Truppenübungsplatz Hohenfels.

Noch heute komme ich mir vor, als hätte ich damals gekniffen, weil ich die Standpauke einfach hingenommen habe.

Auf jeden Fall würde und werde ich das nächste Mal wieder eine Jagd verlassen, um eine Nachsuche zu machen. Wobei ich klarstellen will: Niemals würde ich meinen Hochsitz in einer laufenden Jagd verlassen. Aber in der Situation damals war es die richtige Entscheidung.

Der Truppenübungsplatz im „Winterkleid"

Die „Talibanhütte"

Eine der besten und gleichzeitig längsten Nachsuchen, die ich mit meinem Orgo erlebt habe, war auf dem Truppenübungsplatz Hohenfels auf einen IIb-Hirsch. Komischerweise verbinde ich diese Suche immer mit der „Talibanhütte". Obwohl diese Hütte weniger was mit einer Nachsuche zu tun hat, ist sie doch ein wichtiger Bestandteil meiner Geschichte. Diese Hütte kennen nur Insider, und finden können sie nur jene, die den Platz unzählige Stunden als Jagdhelfer, Beunruhiger und/oder Nachsuchenführer über Berge und Täler abgelaufen sind. Sie ist so unscheinbar schön wie die Landschaft, in der sie ein amerikanischer Offizier gebaut hat.

Wer sich wie ich in diese Mittelgebirgslandschaft des Truppenübungsplatzes Hohenfels verliebt hat oder einfach nur ein bisschen Sinn für die einfache „Naturbelassenheit" hat, kann verstehen, dass Schönes mit Worten nicht zu beschreiben ist, denn „schön" ist immer nur ein Ausdruck des Betrachters. Doch bin ich mir sicher, dass der überwiegende Teil von Ihnen die gleiche Auffassung von diesem Wort hat wie ich.

Am Ende dieser Suche stehe ich hoch oben, auf einer der höchsten Erhebungen auf dem Platz, und blicke im dämmernden Licht, beinahe ist es schon Nacht, auf eine Urlandschaft, wie nur Dichter sie beschreiben können. Über weite Täler erheben sich lang gestreckte bewaldete Berghänge, die leicht mit Schnee überzuckert sind, kein Licht einer Siedlung, das diese Reinheit verblenden könnte, keine bewirtschafteten, in Reih und Glied gearbeiteten Wiesen oder Äcker und keine Landwirte, die bis spät in die Nacht ihre Felder bestellen. Keine Spaziergänger, Jogger, Mountainbiker usw., die diese „pure Natur" verfälschen könnten. Hier oben möcht' man sich einfach hinsetzen und ganz klein und still sein! Und wenn Sie das machen, sich einfach mal fünf Minuten hinsetzen, dann wissen Sie, dass es einen Schöpfer geben muss. Jemand muss für diese Schönheit verantwortlich sein. Wenn Sie einmal die Möglichkeit haben, auf einem Truppenübungsplatz eine Einladung zu erhaschen, nehmen Sie diese an, nicht wegen des Jagens, sondern für die Seele.

Auch das ist Deutschland, naturbelassen, ursprünglich und einfach nur schön, man muss gar nicht weit gehen. Ich sage immer wieder zu Armin, einem der dortigen Förster: „Eigentlich müsstet ihr Förster noch was bezahlen, um hier arbeiten zu dürfen!"

Aber beginnen wir von vorne, am Morgen des 5. Januar 2016. „Es ist gut, nicht zu wissen, was uns der heutige Tag bringt, könnten wir doch seine Geschichte schon im Voraus schreiben!“ Das ist mein Zitat für das Geheimnis, das uns das Leben jeden Tag schenkt.

Nachdem wir den ganzen Herbst bis in den Dezember hinein nur Plusgrade hatten, war der kurze Wintereinbruch am 3. Januar eine herbeigesehnte Änderung des immer schönen (langweiligen) Wetters. Wenn sich auch viele danach sehnen, immer in stets sonnigen Gefilden zu leben – für mich wäre dieser Umstand undenkbar. Es dauert ohnehin schon jedes Jahr länger, bis der Winter endlich kommt, und die paar Schneetage, die er bringt, möchte ich nicht missen. Hat es doch einen Hauch von Weihnacht und Frieden, auch wenn Weihnachten längst vorbei ist. Leider gab der Winter auch in diesem Jahr nur ein kurzes Gastspiel in Mittelfranken, aber in der Oberpfalz lag noch eine geschlossene Schneedecke.

Wie immer gehören mein Orgo und ich zu den Ersten, die am Streckenplatz, dem festgelegten Treffpunkt, ankommen. Die Waldarbeiter bereiten die beiden Feuerstellen vor, und der „AZUBI“ kümmert sich um den Bauwagen, in dem später die Förster die „Registrierung“ und Kontrolle der Jagdscheine vornehmen, das Jagdbüro eben. Ein gut eingespieltes Team, das diese Prozedur in- und auswendig kennt. Die Frau von Klaus, einem der Förster, ist die gute Seele der Jägerinnen und Jäger, sie ist pünktlich um 07:00 Uhr am Platz und baut ihren kleinen Stand mit Kaffee und Stollen (für 1 €) auf. Am Abend wartet sie mit Gulaschsuppe und Wienerwürstchen mit Semmeln auf uns. Sie gehört zu diesem Platz wie ihr Mann als Förster oder das Rotwild, gar nicht auszudenken, wenn sie nicht da wäre. Aber es gibt viele dieser Persönlichkeiten wie sie, die man sofort vermissen würde, wenn sie nicht mehr da wären.

Langsam, zunächst etwas fahlgrau, aber von Minute zu Minute kräftiger, erkämpft sich der Tag sein Recht, und durch den Schnee scheint die ganze Umgebung in ein geheimnisvolles Licht getaucht. Ich stehe am Feuer, mit meinem Hund und einem Becher frischem Kaffee, und fachsimple mit den Hundeführern, die mit den Waldarbeitern immer die Ersten an Ort und Stelle sind. Nach und nach trudelt die ganze Jagdgesellschaft ein, und der Platz füllt sich.

Bis der Chef seine Ansprache gehalten und Freigabe gemacht und jeder Schütze seinen Ansteller gefunden hat, vergeht jedes Mal ewig viel Zeit. Vor 09:00 Uhr kommen die Gruppen eigentlich nie weg, und je nachdem, in welchem Revier die Jagd stattfindet, vergehen noch einmal 30 bis 45 Minuten, bis die Ansteller die Schützen zu ihren Ständen gebracht und eingewiesen haben. Ich nehme mir immer vor, das nächste Mal eine Stunde später zu kommen, dann wäre ich immer noch rechtzeitig da! Aber ich mag die Smalltalks, das Fachsimpeln und die manchmal richtig guten Gespräche bis hin zu wirklich privaten Dingen, die Männer frühmorgens am Lagerfeuer mit einem Pappbecher Kaffee von sich geben. Auch das gehört für mich zur Jagd.

Ich bin mir sicher, einen tollen Tag vor mir zu haben, weil ich seit meinem Gespräch mit dem Chef zur „Wiedereingliederung“ wieder einmal bei Armin als Nachsuchenführer eingeteilt bin. Armin sagt immer, zu ihm kämen nur die schweren Fälle (Spaß). Armin und ich verstehen uns super; während unserer „Spaziergänge“ (Beunruhigungen) können wir uns in unendliche Gespräche über unsere Hundearbeit verlieren. Wir sind einfach zwei Männer, die einander verstehen. Zwar gibt es für Nachsuchenführer in Armins Gruppe so gut wie keine Nachsuche, weil seine Puma (Dachsbracke) schon die meisten Anschüsse beim Durchgehen kontrolliert und die Nachsuchen selbstständig abarbeitet, aber ich habe immer die Hoffnung, dass in einer anderen Gruppe eine Nachsuche anfällt.

Endlich, Armin hat seine Schützen beieinander, und wir können ins Revier aufbrechen. Armin fährt mit seinem Pick-up voraus, und ich mache das „Schlusslicht“, damit uns keiner abhandenkommt. Wir machen es so, wie es uns schon zur Gewohnheit geworden ist: In den „Himalayas“ angekommen, bringt Armin die Schützen zu ihren Ständen, und ich fahre zur „Talibanhütte“, um im Ofen Feuer zu machen. So haben wir in der Mittagspause einen warmen Platz, um uns kurz zu stärken und aufzuwärmen. Ich glaube, das Bild auf S. 56 sagt alles: Diese Hütte wurde aus irgendwelchen Resten von einem Übungsdorf der amerikanischen Streitkräfte von einem amerikanischen Offizier, der natürlich Jäger war, hierher gebaut, genau für diesen Zweck. Als er fertig war, meinte er, dass die Hütte wie ein Talibanhaus in Afghanistan aussehen würde, seither hat sie ihren Namen.

Weil wir irgendwann mal einen Treffpunkt ausmachen mussten, ich weiß den Grund nicht mehr, sagte Armin: „Du weißt schon, an der Talibanhütte!“ Seitdem treffen wir uns bei jeder Jagd auf dem Truppenübungsplatz Hohenfels dort, um uns in der Mittagspause aufzuwärmen.

Maximal vier Personen finden darin Platz, um sich aufzuwärmen. Gleichzeitig ist die Hütte unser Ausgangspunkt für das Durchgehen, so auch an besagtem 5. Januar.

Wir haben noch eine halbe Stunde, um uns fertig zu machen, bevor wir uns pünktlich um 10:30 Uhr auf den Weg in den „Indianerhügel“ machen. So wird jene ca. 600 Hektar große Abteilung genannt, in der wir an diesem Tag die Schützen abgesetzt haben und die wir beunruhigen sollten.

Es hat um die null Grad, die Schneedecke ist zwar immer noch geschlossen, durch den Schneeregen ist es jedoch richtig nass-kalt, ein Sauwetter also, bei dem man am liebsten zu Hause auf dem Sofa wäre.

Die Talibanhütte

Impressionen …

Als wir uns am Kofferraum unsere Signalkleidung anziehen und uns wetterfest machen, weiß ich nicht so recht, ob ich meine lange Unterhose ausziehen oder anlassen soll. Ohne viele Worte steht jeder von uns an seinem Kofferraum, legt seinem Hund noch die Warnkleidung und das GPS-Gerät an, unsere Blicke treffen sich schließlich, und wie bei einem alten Ehepaar weiß jeder, dass der andere fertig ist. Ein kurzes Nicken, und los geht's.

Wie als „Startschuss“ fällt wenige hundert Meter vor uns der erste Schuss, und Armin scherzt: „Wir sind Erster!“ (Er meinte damit, dass unsere Gruppe den ersten Schuss abgegeben hat.) Deutlich ist der dumpfe Kugelschlag zu hören, und der Hall des Schussknalls rollt hinauf in die schneebedeckten Berghänge. Ich erwidere darauf: „Als Schneider gehen wir heute schon nicht heim!“

Armins Puma verabschiedet sich schon bald nachdem wir losgegangen sind, und wenige Minuten später hören wir schon durch den Berghang vor uns den unvergleichlichen Laut der Dachsbracke.

Rings um uns hallen Kugelschüsse zu uns herüber und verlieren sich nach und nach in den Hängen der „Himalayas“.

„Beim Arno ist richtig was los!“, stellen wir fast gleichzeitig fest. Ja, die meisten Schüsse kommen tatsächlich drüben vom gegenüberliegenden Berg.

… vom Truppenübungsplatz Hohenfels

Ich merke natürlich, dass mein Orgo immer nervöser neben mir wird, fast ununterbrochen suchen seine Augen meinen Blick, er wartet auf das Zauberwort („Voran“). Ich schaue kurz zu ihm hinunter, und mit einer kurzen Handbewegung gebe ich ihm endlich den ersehnten Befehl: „Voran!“

Als ob eine Katze unmittelbar vor uns aufgestanden wäre, springt mein Hund von mir weg, geradewegs dem giftigen Fährtenlaut von Armins Puma entgegen.

Jetzt werden sich bei vielen die Nackenhaare aufstellen und ich höre sie sagen: „Einen Schweißhund lässt man doch nicht bei einer Bewegungsjagd stöbern!“ Diese Meinung ist so alt wie das Weidwerk selbst, aber meiner Meinung nach ist diese Regel, die irgendjemand irgendwann in die Welt gesetzt hat, falsch. Gerade bei der Nachsuche (aber auch im normalen Leben) ist für mich das oberste Gebot: Machen Sie Ihre eigenen Erfahrungen und setzen Sie diese in die Praxis um.

Mein Hund und ich können sehr wohl zwischen Arbeit und Spaß unterscheiden, und was er jetzt macht, ist Spaß. Nebenbei lernt er auf diese Weise, wenn er auch manchmal alleine auf sich gestellt ist, eine sehr wichtige Lektion: „Wie finde ich mein Herrchen wieder?“ Ich muss meinen Hund nicht stundenlang suchen und ihn irgendwo abholen, weil er nicht mehr zurückfindet. Selbst im unwegsamsten Gelände findet er meine Fährte und kommt zu mir zurück. Die Erfahrungen, die er auf sich alleine gestellt macht, prägen ihn dafür, zu überleben, ein Wolf, ein Raubtier zu sein.

Der Regen ist in der Zwischenzeit in Schnee übergegangen, schwerer, nasser Pappschnee, der das Gehen schon im normalen Gelände schwierig macht. Die „Himalayas“ jedoch sind die Berge der Oberpfalz: Eine mit Buchen bewaldete Mittelgebirgslandschaft mit steil abfallenden Schluchten, die Täler sind mit Weiß- und Schwarzdorn durchzogen, die Steilhänge mit blankem Fels und Geröllabschnitten sind auch ohne Schnee schon schwierig zu begehen. Jeder Schritt kann bei dieser Witterung zum Sturz oder Absturz führen. Eine Mobilfunkverbindung gibt es nur auf den höhergelegenen Plateaus, darum gilt: Eigenschutz geht über alles.

Viele Rotwild-, dafür wenige Saufährten queren unseren Weg, immer noch fallen die meisten Schüsse drüben in Arnos Abschnitt, wobei man in dieser weitläufigen Landschaft nie genau sagen kann, wo der Schuss gefallen ist. Immer wieder hole ich mein GPS-Gerät aus meiner orangefarbenen Nachsuchenjacke, um nach meinem Hund zu suchen. Ab und zu kommt er auch vorbei und schaut sich kurz um, um jedoch sofort wieder zu verschwinden, bevor er das nächste „Zauberwort“ hört (bei Fuß), dann nämlich nehme ich ihn rechtzeitig aus der Jagd heraus, damit er fit und ausgeruht für unsere eigentliche Arbeit ist. Jetzt wäre vom Gefühl her diese

Zeit. Der Pfeil des Kompasses auf dem GPS zeigt wie angenagelt nach Osten, auf dem Display kann ich die Entfernung erkennen: 1800 Meter und keine Bewegung. Mein Hund bewegt sich also nicht, eigentlich kann das nur eines bedeuten, er stellt ein Stück. „Armin, schau mal, wo ist denn deine Puma?", frage ich. Und genau in diesem Moment, als ob sie es gehört hätte, taucht sie vor uns auf.

„Was ist denn los?", fragt er zurück. Ich zeige ihm das Display von meinem GPS und sage: „Der stellt bestimmt eine Sau!"

„Moment", sagt Armin leicht zögerlich, „warte mal." Er nimmt sein GPS-Gerät und fängt nach kurzer Zeit zu lachen an. „Der stellt keine Sau, der hat keinen Bock mehr!"

Armin hat die Talibanhütte als Wegepunkt in sein GPS eingespeichert, beim Vergleich der Daten von meinem Gerät mit denen auf seinem stellt sich heraus, dass mein Orgo als „Fahnenflüchtiger" bei der Talibanhütte ist und nicht auf der Jagd.

„Schon komisch, das hat er doch noch nie gemacht!", sage ich zu Armin, der entgegnet: „Der ist wenigstens nicht so blöd wie wir, es wird eh langsam Zeit, dass wir den Rückweg antreten!"

Und wirklich, ein Blick auf meine Uhr zeigt, dass die Zeit wie im Flug vergangen ist. Den Blick nachdenklich auf den Boden vor mir geheftet, stapfe ich still neben Armin durch den Schnee und habe meine Gedanken bei meinem Hund. Was ist los, es muss doch einen Grund geben, dass er heute ohne mich zum Auto zurückgelaufen ist. Ist er verletzt, hat er sich verlaufen, hat er meine Fährte nicht mehr gefunden? Quatsch, warum hat er dann die Talibanhütte gefunden?

„Mach dir keinen Kopf, er ist doch da, er hat halt einfach keine Lust mehr gehabt, wem kann man es verdenken!", meint Armin und holt mich aus meinen Grübeleien.

„Klar, du hast bestimmt recht, er hat keinen Bock mehr!", erwidere ich – nicht überzeugt. Da kennt er uns aber schlecht! Dass mein Hund keinen Bock mehr hat, weil es schneit, kann nicht sein. Das kann mir passieren, dass ich keine Lust habe, aber nicht meinem Hund. Sorgenvoll hole ich wieder das GPS aus der Brusttasche und vergewissere mich über seinen Standort. Unverändert, und jetzt, da wir nur noch 500 Meter von der Hütte entfernt sind, bin ich mir auch sicher, dass er am Auto wartet.

Schwanzwedelnd steht er am Kofferraum meines Autos, zuerst begrüßt ihn Puma, anschießend erblickt er mich.

„Du Köter", kam es mir von den Lippen, mehr erleichtert als vorwurfsvoll, „machst es dir auf deiner Decke gemütlich, während ich durch den Schnee stapfe."

„Sag ich doch, der ist nicht so blöd wie wir. Komm rein, ich habe einen guten Tee und Lebkuchen von meiner Frau dabei!", sagt Armin lächelnd und geht in die Hütte.

Das ist für mich keine Begründung: „... nicht blöd ..." Ich kenne meinen Hund und arbeite nun schon viele, viele Jahre mit Hunden, ich habe in dieser Zeit schon vieles erlebt und weiß auch, dass es Dinge zwischen Himmel und Erde gibt, die für unseren Verstand nicht greifbar sind. Denn wir Menschen haben leider die Angewohnheit, dass alles erklärbar sein muss, ansonsten erfinden wir Ausreden und Erklärungen, damit wir uns wieder sicher fühlen.

Natürlich begrüße ich meinen Orgo mit überschwänglicher Freude, um ihn dabei gleichzeitig auf Verletzungen zu untersuchen. Aber nichts, keine Verletzung und auch kein Hinweis darauf, dass er eventuell mit einer Sau „gespielt" hätte, die ihm Saures gab. Warum nur ging er zurück zur Hütte – Sie sehen, ich versuchte, eine Erklärung zu finden.

„Komm endlich rein, hier ist es pudelwarm, und die Brotzeit steht auch schon auf dem Tisch!"

Es gibt Salami und ein gekochtes Ei mit Lebkuchen (weil ich heute Morgen vergessen habe, beim Bäcker zu halten) und einen hervorragenden Kräutertee. Die Unterhaltung mit Armin ist richtig gut, und der kleine Ofen tut sein Übriges, sodass wir total die Zeit vergessen und erschrecken, als wir merken, wie spät es schon ist – Zeit, die Schützen abzuholen. 13:45 Uhr, Jagd vorbei, Hahn in Ruh, ab jetzt wird zusammengezählt. „Bin mal auf unsere Strecke gespannt!", sage ich zu Armin, als wir in seinen Pick-up einsteigen.

Eine halbe Stunde später haben wir wieder alle in einer Kolonne hinter uns, die Beute schlechter als gedacht. Gerade mal ein Spießer und zwei Kälber, keine Nachsuche, aber mehr war heute eben nicht drin im Indianerhügel.

Wie üblich bleibe ich im Revier, während Armin seine Gruppe samt Beute zum Streckenplatz bringt. Denn wenn ein Förster mich brauchen sollte, bin ich in wenigen Minuten vor Ort. Jeder weiß das, und alle Förster und Ansteller haben meine Nummer eingespeichert. Der Streckenplatz ist 20 Minuten entfernt. Die Kiefernkanzel ist der beste Ort, um zu warten. Sie steht weit oben auf einer Anhöhe mit einem atemberaubenden Blick in ein lang gezogenes Tal, an dessen Ende sich der Lutzmannstein erhebt. Leichtes Schneetreiben, ein feiner Nebel aus Schnee überzuckert alles und verwandelt dieses Tal und den dahinter liegenden Lutzmannstein in ein Wintermärchen. Hier oben überkommt einen nach wenigen Minuten eine Einsamkeit, wie sie positiver nicht sein kann, ich bin immer wieder erstaunt, wie schnell ich abschalten kann, wenn der richtige Platz gefunden ist. Der Kaiserjägermarsch, der Klingelton meines Handys, lässt mich aufschrecken. Sofort weiß ich, dass ich gebraucht werde, Gott sei Dank!

„Hallo Philipp, ich habe schon auf deinen Anruf gewartet!", begrüße ich meinen guten Freund und Förster am Truppenübungsplatz. Wir beide haben in den vielen Jahren schon richtig gute Suchen erlebt.

„Bist du frei? Ich habe da eine Kontrolle auf einen guten Hirsch!“ „Klar, ich bin an der Kiefernkanzel, wo treffen wir uns?“ „Du kennst doch die Kreuzung bei Kittensee, dort treffen wir uns in zehn Minuten!“ Kittensee war ein früheres Dorf, als es hier noch keinen Truppenübungsplatz gab. Es gibt noch einige dieser Ruinendörfer, deren Namen aber immer noch erhalten und wichtige Orientierungspunkte auf dem Platz sind. Teilweise sind sie zu Ruinen verfallen, manche sind als Übungsdörfer ausgebaut worden.

Als ich den Hang hinunterfahre, kann ich schon die Gruppe von Jägern, die Philipp anführt, an der Kreuzung erkennen. Ein Blick auf die Uhr im Auto sagt mir, was einem Nachsuchenführer immer im Nacken hängt: „Scheiße, es ist schon so spät!“

Die Begrüßung halte ich bewusst sehr kurz, weil mein guter Freund Philipp keine Zeit und schon gar keine Hektik kennt.

„Philipp, wir verbrennen Tageslicht, bring mich zum Schützen!“, dränge ich. Wir lassen seine Gruppe stehen und fahren zu dem Stand, an dem der Schütze wartet. Ziemlich durchgefroren vom Warten bei diesem nass-kalten Wetter begrüßt uns ein junger Mann, seinen alten Lodenmantel bis obenhin zugeknöpft, seine Pelzmütze tief über die Ohren gezogen, sodass man sein Gesicht kaum erkennen kann. Ich spreche mich noch kurz mit Philipp ab, weil dieser sich wieder um seine Gruppe kümmern und sie und die Beute zum Streckenplatz bringen muss.

„Kann ich mitgehen?“, unterbricht uns eine Stimme, als wir uns verabschieden. Es ist Erwin, ein Pirschbezirgsgänger am Platz, der an diesem Tag als Jagdhelfer bei Philipp eingeteilt war.

„Klar, komm mit, wenn dich dein Förster nicht mehr braucht, ich kann einen Ortskundigen gut gebrauchen!“ Philipp ist damit einverstanden, und wir gehen auseinander. Von der Panzerstraße, auf der wir uns getroffen haben, zum Stand sind es gut 300 Meter. Nachdem ich mich fertig gemacht und meinem Hund den Schweißriemen angelegt habe, machen wir drei uns auf den Weg zum Ort des Geschehens. „Also, junger Mann, dann leg mal los! Was ist heute hier geschehen?“ Um keine Zeit zu verlieren, nutze ich den Weg zum Anschuss, um wichtige Informationen zu bekommen.

Manuel, ein Medizinstudent aus Regensburg, hatte seinen Stand inmitten einer Freifläche, eingerahmt von kleineren, hier und da etwas größeren Schwarzdornhecken. Weil sein Stand strategisch zwischen zwei größeren Waldgebieten aufgestellt war, war auch sein Anblick dementsprechend gut. Mehrere Rudel Rotwild wechselten den ganzen Morgen über die Freifläche. Alle jedoch viel zu weit, als dass er überhaupt daran dachte, darauf zu schießen. Gegen 13:00 Uhr kam ein großes Rotwildrudel, bestimmt 60 Stück, den Hang herunter und rottete sich ca. 150 Meter vor seinem Stand zu einem Pulk. Es war ein gemischtes Rudel mit

Kahlwild, Spießern und einem guten IIb-Hirsch. Sein Vater, ebenfalls Mediziner, hatte seinen Stand etwa einen Kilometer weiter. Nachdem ein Student ja bekanntlich nicht zu den Reichsten, aber auch nicht zu den Dümmsten unseres Landes zählt, hat dieser junge Mann seinen Vater angerufen, ihm kurz die Lage geschildert und sich die „finanzielle Freigabe“ für diesen Hirsch geholt. Mit dieser in der „Tasche“ konnte die Jagd beginnen, aber das Rudel stand immer noch zusammengerottet in ca. 150 Metern Entfernung, es gab keine Möglichkeit für einen sauberen Schuss auf den Hirsch.

Wer schon mal ein Rudel Rotwild beobachten konnte, das sich auf einer Freifläche zusammenrottet, kann sich dieses Bild gut vorstellen. Endlich hätte man mal die Chance auf ein Stück Rotwild, aber die sind nur ein einziger Knäuel, zusätzlich ist innerhalb dieses Knäuels auch noch ständig Bewegung – unmöglich, hier einen sauberen Schuss anzutragen.

Geduldig wartete also der Student auf eine Gelegenheit, und als sich diese auf ein Kalb bot, ließ er die Kugel fliegen. Noch im Knall brach das Kalb zusammen, das Rudel jedoch konnte den Geschossknall nicht orten und lief zunächst direkt auf den Schützen zu. Er strahlte immer noch, als er mir dieses unvergessliche Erlebnis voller Begeisterung in allen Einzelheiten und Farben erzählte, sodass man glaubte, dabeigewesen zu sein, und sich dieses Erlebnis bildlich vorstellen konnte:

„Ein Rudel Rotwild in einer atemberaubenden Winterlandschaft, das sich im Troll durch eine Gischt von Schnee auf einen zubewegt!“

Plötzlich, ca. 80 Meter vor seinem Stand, blieb das Rudel stehen, um sich wieder blitzartig zusammenzurotten und Sekunden später wieder nach hinten wegzulaufen, von wo sie gekommen waren. Vorbei am deutlich im Schnee sichtbaren, leblosen Körper des erlegten Kalbes. Auf dieser Höhe etwa sah der junge Mann die letzte Chance auf seinen guten Hirsch. Als das Rudel wieder eine Richtungsänderung nach Osten machte und der Hirsch sich zwar bewegte, aber breit stand, ließ er die Kugel fliegen. Das Rudel verschwand danach in einer Senke, die mit Schlehenhecken und Steinruinen (eine alte Kirche) durchzogen war. Nach etwa zwei bis drei Minuten kam das Rudel auf der gegenüberliegenden Seite wieder aus der Senke. Er konnte auf diese Entfernung nicht mehr erkennen, ob der Hirsch noch dabei war, das Rudel zog unbeirrt weiter, bis es sich in das weit entfernte Buchenaltholz einschob. „Der Hirsch liegt bestimmt da unten in der Senke!!!“, war der Schütze fest überzeugt. Am Anschuss hatte er ganz viel Schweiß gefunden, der sich jedoch verlor.

„Also gut“, sage ich nach dieser Schilderung der Umstände, „dann wollen wir mal sehen!“

Tatsächlich ist viel Schweiß zu sehen, jedoch kann ich die Situation richtig deuten und erkenne, dass dieser Schweiß vom erlegten Kalb stammen muss, den das Rudel bei seinem Ausweichen nach hinten ein Stück mit sich weitergetragen hat. Darum verliert sich die zunächst gut sichtbare Schweißfährte nach etwa 100 Metern im Nichts.

Weil der Schütze das Kalb hier aufgebrochen hat und durch das Bergen alles voller Schweiß war, weiß ich, dass es keinen Sinn hat, meinen Hund hier anzusetzen. Ich entschließe mich, der gut sichtbaren Rudelfährte einfach mal zu folgen und sage zu meinen zwei Begleitern, sie sollen auf Schweiß in der gut 30 Meter breiten Rudelfährte achten.

Natürlich ist es für meinen „Orgo“ sehr interessant, dieser weit über die freie Fläche sichtbaren Fährte zu folgen. Wie vom Schützen beschrieben, führt uns der Weg hinunter in die mit Schlehen und Ruinenteilen durchzogene Senke, wir folgen der breiten Rudelfährte – ohne Schweiß – durch ein Labyrinth von Steinen und Dornenhecken zum gegenüberliegenden Hang.

„Also junger Mann, den Hirsch braucht der Papa nicht zu bezahlen, der hat nichts!!“ Ich will diese Suche abbrechen, damit wir uns schleunigst auf den Rückweg zum Streckenplatz machen können, bevor die Nacht hereinbricht. Wie total enttäuschte Fußballspieler, die gerade ein wichtiges Spiel verloren haben, stampfen wir drei mit gesenkten Köpfen durch den Pappschnee zurück.

Wir sind mit Sicherheit schon 200 Meter weit auf dem Rückwechsel, als mich gerade noch so, fast unwirklich und nicht mehr hörbar, das Heulen „meines Wolfes“ aus meinem Sinnieren herausholt. Fast gleichzeitig drehen wir drei uns um und sehen, dass mein Hund nicht nach Hause will, sondern weiterhin auf der Fährte ist.

Ich sehe Erwin an, er mich, ein Achselzucken von ihm deute ich als: „Warum nicht!!“

Also unterbreche ich diese Stille: „Bis zum Waldrand, aber weiter gehe ich nicht mehr!“ Als ich bei meinem Orgo ankomme, hoffe ich, dass dieser sture Hund mir wenigstens was in der Fährte zeigen würde, aber so sehr ich mich auch umschaute – nichts!

„Vorhin verwund!“ Und mein Orgo fällt die Fährte wieder an. Mittlerweile sind wir gut und gerne 1200 Meter gegangen, überqueren gerade eine Panzerstraße und einen tiefen Wassergraben (Gott sei Dank ohne Wasser), als Orgo oben am Graben deutlich verweist und nicht mehr weitergeht. Schweiß! Und da noch mehr! In der immer noch sehr gut sichtbaren Rudelfährte sieht man urplötzlich Schweiß! Das ist selbst für mich neu, und ich kann mir daraus noch keinen Reim machen. Das ist schon bei Schweinen nach so langer Strecke ungewöhnlich, aber dass ein Stück Rotwild erst nach über einem Kilometer zum Schweißen anfängt, habe ich noch nicht erlebt.

Vertraue immer deinem Hund, selbst wenn du dir scheinbar „sicher“ bist! Mensch, es gibt Dinge, die werden wir nie begreifen. Ist es Orgos Beutetrieb oder Sturheit, seinem Herrchen zu zeigen, dass er doch recht hat? Sitzenzubleiben, obwohl sein Herrchen beim größten Sauwetter den Rückweg angetreten hat, um ihn zurückzuholen mit der Stimme eines Wolfes. Ich kann es mir nicht erklären, selbst nach all diesen Jahren, in denen ich mit Hunden arbeite. Jeder, der viel mit seinem Hund arbeitet, wird irgendwann seine ganz persönliche außergewöhnliche Erfahrung machen und erkennen, dass sein Hund nicht „dumm“ ist!

Zurück zu meiner „außergewöhnlichen“ Erfahrung an diesem 5. Januar: Es ist kalt und nass. Obwohl ich meine schweren Bergschuhe immer einfette, merke ich, dass die Nässe langsam durch die Schuhe dringt. Ich „verbändle“ den Schweiß und lasse den Riemen, den ich fest in meinen Händen halte, wieder locker, das ist mein geheimes Zeichen für meinen Orgo, dass es weitergeht. Kein Lob oder überschwängliches Knuddeln, nein, nichts von alldem, einfach ohne Worte weiter. Wir beide sind ein Team, ich fühle, dass mein Hund jetzt weiß, dass ich unheimlich stolz auf ihn bin. Gegenseitiges Kennen und Vertrauen brauchen keine Worte. Stur, ohne dass er die Nase zur Fährte nimmt, folgt er wie ich mit den Augen der Rudelfährte. „Hoffentlich erkennst du später den Abgang, du Köter!“ (Abgang ist jene Stelle, wo sich der Hirsch von seinem Rudel trennt, um alleine seine Wundfährte zu ziehen.)

„Was hast du gesagt?“, fragt mich augenblicklich Erwin, der unmittelbar hinter mir läuft.

„Ach, nichts, ich rede öfter mal mit mir selbst!“, antworte ich. Der Anstieg zum Buchenaltholz ist steiler als gedacht, sodass ich und meine Begleiter hier am Waldrand eine kurze Pause brauchen – bei diesem Wetter muss ein kurzes Verschnaufen reichen, denn das ist bestes Erkältungswetter. Unser junger Schütze sagt auf dem ganzen Weg kein Wort, er geht als Letzter und beobachtet. Ich glaube, er ist froh, dass er dabei sein darf.

Es geht weiter Richtung Berg mit weiterhin gut sichtbarem Schweiß, ohne dass wir jedoch die geringste Ahnung haben, wo der Schuss sitzen mag. Buchenaltholz (teilweise Totbaumbestand, der kreuz und quer liegt) sowie Jurasteingeröll, das sich über viele Jahrzehnte seinen Weg hangabwärts gesucht hat, macht unser Weiterkommen beschwerlich und langsam.

Hier im Wald merke ich sofort, dass die Dämmerung diesen Wintertag bald bezwingen und das Schweigen der Nacht sich über den Truppenübungsplatz legen wird. Doch dieses Wissen hilft nichts, es geht nicht schneller. Steil den Berg hinauf, über alles, was da im Weg liegt, führt unser Weg. Etwa am halben Hang fängt Orgo an zu bögeln, ich habe mich durch den anstrengenden Aufstieg voll auf ihn verlassen und mich nur noch meinen brennenden Oberschenkeln gewidmet.

„Was ist los, mein Dicker? Such weiter verwund!“ Immer noch kann man die Fährte des Rudels vor uns den Berg hinauf gut verfolgen. Aber es war keine Schweißfährte mehr dabei. Nach kurzem Bögeln verlässt mein Hund die vor uns liegende Rudelfährte und geht denselben Weg etwa 50 Meter hangabwärts. Ich denke schon, dass der ganze Aufstieg umsonst gewesen wäre, als Orgo nach rechts abbiegt, um dem Hang quer zu folgen. Kurz darauf wieder Schweiß!

Ist der Hirsch doch schwerer verletzt als gedacht? Kann er seinem Rudel nicht mehr folgen oder versucht er es in Schutz zu nehmen, indem er alleine sein Glück versucht? Ist es seine Verletzung, die ihn zu diesem Entschluss getrieben hat, oder weiß er, dass er verfolgt wird?

Wie auch immer, ein gutes Zeichen, jetzt haben wir nur noch eine Fährte, unsere Beute. Ohne ein Wort, verbunden durch unseren Willen, getrieben durch einen uralten Beutetrieb, fallen wir die Wundfährte an. Vergessen sind das schwindende Tageslicht, Anstrengung, Kälte und meine nassen Schuhe, jetzt fühle ich mich endlich wieder verbunden mit meinem Hund, jetzt weiß ich ohne jeden Zweifel, dass wir diesen Hirsch bekommen werden. Hubertus lenkt uns.

Meine Begleiter, die Orgo und mir wortlos folgen, habe ich total ausgeblendet. Vor uns im Hang zunächst kniehohes Schlehengewächs, das immer dichter und höher wird, mein Hund wird immer langsamer. Überall um uns herum gibt es viele Fährten von Sauen und Rotwild. Ich nehme den Schweißriemen wieder auf, den ich eigentlich nie in den Händen halte, und ermuntere meinen Hund: „Weiter mein Dicker, such schön weiter verwund!“ Ich erkenne, dass sich seine Nackenhaare sträuben, ein gutes Zeichen, gleich wird der Hirsch im Wundbett vor uns hoch werden und nach einer kurzen Hatz wird ihn mein Orgo stellen!

„Weiter verwund!“ Kaum ausgesprochen, rumpelt es vor uns, und schweres Wild bricht in den Schlehen weg. Wie ein Terrier hängt mein Hund im Schweißriemen, den ich kaum noch halten kann, und will natürlich hinterher. Ich hangle mich am Schweißriemen zu ihm vor, um ihm das Brustgeschirr abzustreifen. Im selben Augenblick steigt mir dieser unverwechselbare Geruch in die Nase. Sauen! Verdammt, das wäre jetzt zu schön gewesen! Deutlich erkenne ich das Lager und die großen Trittsiegel einer Sau. Aber genauso sehe ich die Schweißfährte, die durch diese Schlehenhecke führt! Das Wildschwein, nach den Trittsiegeln zu urteilen eine grobe Sau, hatte sich noch nicht lange eingeschoben, sonst hätte der verletzte Hirsch diesen Einstand umgangen. Eindeutig war der Hirsch hier nur durchgezogen!

Ich nehme meinen Hund zurück, um ihn am Ende der Schlehenhecke anzusetzen, damit er hier die Wundfährte wieder aufnehmen kann.

Ich trage ihn aus der Hecke, Mann, ist der schwer, setze ihn am Eingang wieder ab und umgehe die Schlehenhecke. Bevor ich ihn wieder anrüde, knie ich mich zu ihm und streichle über sein Haupt, um ihn zu beruhigen.

Normalerweise wäre hier kein Hund mehr zu halten gewesen, geschweige denn hätte man ihn neu ansetzen können, aber mein Orgo kann das, genau das hat er gelernt, eben nur einer Wundfährte zu folgen.

Als ob die Sau nie da gewesen wäre, fällt er sofort die gut sichtbare Schweißfährte wieder an. Kein Wundbett, kniehohe Weißdornsträucher, und jetzt wieder bergauf. Der Hirsch war unermüdlich geradewegs den Berg hochgezogen.

„Meinst du, den kriegen wir noch? Es ist fast kein Licht mehr, und auskennen tu ich mich auch nicht mehr!“ Erwin, mein „Ortskundiger“, der unbedingt dabei sein wollte, steht schnaufend hinter mir, sich den Schweiß von der Stirn wischend. Er hatte sich das wohl anders vorgestellt.

„Solange mein Hund will, machen wir weiter, du wolltest dabei sein, also genieße den Augenblick!“, gebe ich ihm als Antwort. Inzwischen sind wir fast am Gipfel angekommen, und unsere Suche führt uns durch Gesteinsformationen in allen Größen. Am Gipfel hatte der Hirsch einen 90-Grad-Haken gemacht, um wieder bergab zu laufen. Immer noch sehen wir gut sichtbaren Schweiß, der nicht weniger wird, sondern meiner Meinung nach eher zunimmt, es geht bergab. In der Hälfte des Hanges wieder ein Haken nach rechts, und immer noch kein Wundbett. Langsam kommen auch mir Zweifel, die Nacht legt sich bereits über das weite Land, und obwohl wir immer noch Schweiß haben, geht der Hirsch nicht ins Wundbett. Hätte kein Schnee gelegen, würden wir schon im Dunkeln stehen, nur durch das Weiß des schneebedeckten Berges haben wir noch genügend Licht. Es kann nicht mehr weit sein, jetzt muss ich weitermachen! Die Verbindung zwischen mir und meinem Hund ist so stark, wir beide wissen, dass wir nah dran sind.

Plötzlich wieder ein Bögeln von meinem Orgo. „Das ist nicht gut!“, denke ich, als ich mich zu ihm vorarbeite.

Schweiß, überall Schweiß, und da: Fußspuren im Schnee! Was soll das denn? Ich erkenne, dass diese Fußspuren unsere sind, die wir hinterlassen haben, als wir den Berg hinaufgegangen sind. Ich sehe aber auch sofort, dass in diesen Fußspuren Schweiß ist, also muss der Hirsch danach über unsere Fährte gelaufen sein. Ich hole meine zwei Begleiter zu mir, erkläre ihnen die Situation und sage, dass der Hirsch mit Sicherheit noch immer vor uns her läuft. Das würde auch erklären, warum er nie ins Wundbett gegangen ist. Die einzige Chance, die wir haben, ist, meinen Hund zu schnallen, damit er den Hirsch einholt und stellen kann. Ich bin davon überzeugt, dass dieser Hirsch nach so einer langen Flucht keine lange Hatz mitmacht.

Ich schnalle meinen Hund, und wir warten in der Winternacht, still und hoffnungsvoll. Was für eine Erlösung, etwa 300 Meter vor uns ertönt Hatzlaut, der sich wieder den Berg hinaufzieht. Etwa 100 Meter über uns im Hochwald erkennen wir einen Schatten, unmittelbar dahinter der Laut meines Hundes. Ich frage Erwin: „War das der Hirsch?“

„Keine Ahnung, ich hab nur einen Schatten gesehen, aber dein Orgo wird schon wissen, was er macht!"

Mittlerweile hat uns die Dunkelheit endgültig eingeholt und die Nacht ihren schwarzen Schleier über Hohenfels gelegt. Wegen der Schneedecke habe ich aber so viel Licht, dass ein Fangschuss auf einen Hirsch möglich wäre.

Die Hatz verläuft immer parallel zum Hang, immer weiter entfernt sich der Laut meines Hundes, bis es still wird. Angespannt lauschen wir in die Nacht, ich versuche es zumindest, aber Erwin tappt immer im Schnee hin und her.

„Bleib doch endlich mal stehen und horch!", fahre ich meinen Begleiter an. „Da hinten!", ruft Erwin. „Hörst du das? Da hinten bellt ein Hund!" Ich höre nichts, aber mein GPS zeigt mir an: „400 Meter, Orgo stellt Beute!" Wir drei nehmen die Beine in die Hände und folgen dem Pfeil auf dem Display. Ich höre den Laut meines Hundes, sehe Schweiß vor mir im Schnee, immer mehr, kurz darauf so viel, als wäre er von einer Gießkanne verspritzt worden.

100 Meter vor mir Standlaut, immer mehr Schweiß, ich sehe meinen Orgo, der ein Stück beutelt. Kurz darauf stehe ich vor meinem tüchtigen Hund und dem toten Stück, einem richtig guten IIb-Hirsch.

Für diesen Hirsch war die Hatz zu viel, er braucht keinen Fangschuss mehr. Ich vermute, dass er sich entweder bei der Hatz selbst mit den Hinterläufen in seine Wunde (ein sehr tiefer Brustschuss) gestiegen ist und damit den Brustkorb geöffnet hat oder die Brust sich durch die Bewegung bei der schnellen Hatz geöffnet hat. Wie auch immer, wir haben unsere Beute, vor allem freut es mich für den jungen Schützen, und wie es der Brauch will, überreiche ich ihm seinen Schützenbruch, nehme einen kleinen Zweig von diesem Fichtenbruch und stecke es meinem Orgo an sein GPS-Halsband.

Hier stehen wir nun alle vier, durch die lange Suche und die darauffolgende Hatz haben wir die Orientierung verloren, zumindest die, die vorher eine hatten. Die Nacht hat uns eingeholt und legt sich wie eine schwarze, schützende Decke über diese Winterlandschaft.

Weder ich noch Erwin haben eine Handyverbindung, also sagen wir dem Schützen, dass er das Stück aufbrechen soll, und wir beide gehen zum Gipfel, um dort eine Verbindung zu bekommen. Die 200 Höhenmeter zum Gipfel sind noch einmal eine richtige Anstrengung, aber die Aussicht ist eine beeindruckende Momentaufnahme. Kein Licht einer Ortschaft, kein Lärm einer Straße, nur ein diffuses natürliches Licht liegt über der Mittelgebirgslandschaft von Hohenfels. Der zunehmende Mond lässt die Berghänge in silbrigem Licht erstrahlen und die darunter liegenden Täler wie ein dunkles, schwarzes Meer erscheinen. Das sind Momente, Augenblicke, die sich so fest in meine Erinnerungen einprägen, als wären sie unvergessliche Bilder einer Kamera, so wunderschön, aber eben nur Augenblicke.

Zum Glück habe ich mit meinem Handy eine Verbindung, es zeigt zwar gerade mal einen Balken, aber Erwin hat überhaupt keine Verbindung.

Ich rufe Philipps Nummer an und hoffe, dass auch er eine Verbindung hat. Der Rufaufbau dauert ewig, bis er dann abbricht – als ob ich das Glück für heute schon genug strapaziert hätte. Also probiere ich es bei meinem Freund Armin, die Förster müssten um diese Zeit jetzt alle am Streckenplatz sein.

„Hallo Armin, ich bin beim Philipp im Revier und habe eben eine Nachsuche beendet, gib mir doch mal den Philipp!“

Können Sie sich vorstellen, wie schwierig es ist, jemandem zu beschreiben, wo man ist, wenn man überhaupt keinen Anhalts- oder Orientierungspunkt hat, keine Straße, keine Ortschaft, die man sieht? Das Wenige, was man sieht, sind Panzerstraßen und Hügel, alles sieht gleich aus. Wir vereinbaren, dass Philipp dorthin fährt, wo er uns zur Suche abgesetzt hat und dann wieder anruft. Also schicke ich den Erwin wieder runter zum Schützen, damit sie den Hirsch versorgen, und ich bleibe hier oben, um die Handyverbindung sicherzustellen. Durch diesen überaus reizvollen Ausblick, den ich habe, ist das Warten sehr kurzweilig. Ich genieße die Zweisamkeit mit meinem Hund in der wunderschönen Winternacht. In einer so tollen Atmosphäre können wir beide selten eine Suche nachbereiten. Ich bin noch total darin versunken, als mein Handy klingelt und Philipp mir sagt, dass er jetzt am Ausgangspunkt ist.

Ich sage zu ihm, er soll hupen, so könne ich ihn dann zu uns lotsen. Aber so sehr ich auch in die Nacht lausche, ich höre nichts.

„Fahr einfach mal los, lass das Telefon am Ohr und hupe immer wieder, ich sag dir dann, wenn ich dich höre!“

Irgendwann funktioniert unser Plan, und ich kann Philipp zumindest in unsere Nähe lotsen. Den Hirsch müssen wir bis zum Auto bestimmt 500 Meter den Berg hinunterziehen, und wer schon mal einen starken Hirsch bergen durfte, weiß, was das für eine Arbeit ist, auch wenn es bergab geht.

Am Streckenplatz kann dann auch der Geldgeber seinen überglücklichen Sohn mit einem kräftigen Weidmannsheil in die Arme schließen.

Solche Erlebnisse bleiben unvergesslich, zumal diese beiden Ärzte jedes Jahr Jagdgäste in Hohenfels sind. Jedes Mal, wenn wir uns wiedersehen, schwelgen wir in der Erinnerung an diese Suche. Selbstverständlich hat die Trophäe einen ganz besonderen Platz in diesem Jägerhaushalt gefunden, und – ich bin davon fest überzeugt – auch in den Erinnerungen des Jungjägers.

Total verzwickt!

Es war Mitte Januar 2018, kein Schnee, acht Grad, der Wind trug den Regen vor sich her, als ob es November wäre. Meine Frau lag mir schon seit Wochen in den Ohren, dass ich endlich die Haustür streichen sollte, und das so hartnäckig, dass man sich als Mann irgendwann dem ewigen Nachfragen beugt.

Ich hatte mir schon die nötigen Utensilien wie Pinsel und Klebeband besorgt. Aber natürlich nicht die Farbe, das ist – ich weiß nicht, wie es bei Ihnen zu Hause ist – Sache der Frau. Ich hatte mich lange gewehrt, diese „kack-braune" Farbe auf unsere Haustüre zu streichen. Aber was soll's, an diesem Sonntag saßen wir noch gemütlich am Frühstückstisch, als ich sagte: „Du, Schatzi, es ist eh so ein schlechtes Wetter, ich streiche heute die Haustüre von innen!"

Nachdem ich mit dem Abkleben nach gefühlten Stunden fertig war, rührte ich gerade im Keller die Farbe durch, als ich den Klingelton meines Handys hörte.

„Bestimmt wieder ein Jäger", mit diesen Worten reichte mir mein Schatz das Handy.

„Du bleibst aber heute zu Hause und machst die Haustür fertig!" Um ihren unmissverständlichen Worten noch mehr Nachdruck zu verleihen, setzte meine Frau zusätzlich ihren einzigartigen Blick auf.

Am Display meines Handys sah ich die Anzeige „Georg ruft an". Oh nein, ging es mir sofort durch den Kopf. Denn noch bevor ich den Hörer abnahm, wusste ich, dass „Georg" heute, ausgerechnet heute, seine „Schilf"-Jagd hatte – und ich hatte noch immer den Blick meiner Frau vor Augen.

„Servus, Gerch", begrüßte ich meinen langjährigen Jagdfreund, der sich nicht lange mit Begrüßungen aufhielt, sondern sofort erzählte: „Pass auf, Helmut, Spaziergänger haben heute Morgen gesehen, wie zwölf Schweine ins Schilf eingewechselt sind, wir treffen uns um 13:00 Uhr am Transformatorhaus beim Schilf!"

Ich hatte keine Möglichkeit, irgendetwas darauf zu erwidern, das wollte ich auch gar nicht, jedenfalls hatte er schon aufgelegt. Klar hatte er das, ich war ja immer dabei, wenn im Schilf gejagt wurde. Und außerdem musste er bestimmt noch einige Schützen anrufen, es war ja schon fast elf.

Nun stand ich da, kurz vor elf im Keller! In der einen Hand das Handy, an dem kein „Gerch" mehr dran war, und in der anderen den Stecken, mit dem ich eben noch die Farbe umgerührt hatte. Oben hörte ich meine (noch) gut gelaunte Frau, sie sang ein Lied, das gerade im Radio lief, mit. Ich denke, jeder Ehemann kennt mein Dilemma: Ich bin wirklich ein sehr verständnisvoller Ehemann, aber in einigen Situationen setze ich meinen Kopf durch, das weiß sie auch. Und in solchen

Augenblicken lasse ich den „Mann raushängen". Natürlich ahnte sie es schon, als ich zu ihr in die Küche kam. Sie kennt ja den „Gerch" auch und weiß genau, dass er nur anruft, wenn er eine Nachsuche oder eine Jagd hat.

Ich hatte noch kein Wort gesagt, als sie schon loslegte: „Das ist aber nicht dein Ernst, du hast mir versprochen, dass du heute endlich die Haustür machst!"

„Du kennst mich doch, du hast ja nicht erst seit gestern einen Jäger, die Haustür ist auch morgen noch da, aber die Schweine im Schilf nicht mehr!"

„Ihr total verrückten Typen, kein Mensch geht bei diesem Wetter raus, aber ihr müsst am Sonntag Schweine jagen!", erwiderte sie mir.

„Ja, und ich muss am Sonntag die Haustür streichen!", war meine Antwort.

Sie wusste genau, auch wenn sie noch so gute Argumente hatte und ich keine mehr, die Chance auf eine Nachsuche ließ ich mir nicht entgehen.

Ich war um 12:45 Uhr am Transformatorhaus. Das Schilf liegt sehr einsam und idyllisch in der Nähe der kleinen Ortschaft Ehrenschwinden, eingebettet in einen Talkessel, der unmittelbar danach in einen See mündet. Schon von oben konnte ich die zahlreichen Geländewagen am noch gut zwei Kilometer entfernten Transformatorhaus erkennen. Das Schilf gehört zu einem Teil zur Gemeinschaftsjagd, die „Gerch" gepachtet hat, und zu einem großen Teil zum Nachbarrevier von Friedrich.

Es erstreckt sich in der Länge und Breite jeweils über gut einen Kilometer, links und rechts grenzt es direkt an Fichten- und Kiefernwälder mit großen Brombeerdickungen an.

Als ich mein Auto in der vor mir parkenden Kolonne einreihte, hingen tiefe Regenwolken am Himmel, obwohl es im Augenblick nicht regnete. Graue Schleier hingen über dem strohgelb-grauen Schilf. Was für ein schöner Tag zum Jagen, wenn schon kein Schnee lag, dann sollte es genauso sein.

In größeren und kleineren Grüppchen standen Jäger, Treiber und Nachsuchenführer bunt gemischt zusammen, eingekleidet in leuchtend orange, gelbe oder pinke Warnwesten bzw. jägergrüne Jacken. Auch die Halsungen oder Brustgeschirre der Hunde leuchteten grellbunt. Es sah aus wie der Aufmarsch zu einem Karnevalsumzug. Es herrschte ein reges Hin und Her zwischen den Gruppen, man war mit Begrüßungen und Neujahrswünschen beschäftigt. Die Hunde zwischendrin wurden durch dieses Hin und Her natürlich immer ungeduldiger und aufgeregter.

Wie schon oft erkannte ich auch bei diesem Anblick wieder einmal, dass ich niemals mit einem ausgebildeten Stöberhund zurechtkommen würde. Diese Ruhelosigkeit und Hektik, die Stöberhunde oft verbreiten, würde mich verrückt machen.

Die Einweisung, die Friedrich hielt, war kurz und knapp, aber mit allen Informationen, die wichtig waren. In seinem urfränkischen Dialekt sagte er: „Also, alle mal herhören, ihr wisst alle, warum wir hier sind, Schweine sind im Schilf. Eine Gruppe geht mit dem Gerch, die andere mit mir. Keiner schießt in das Treiben. Wenn wir das Schilf umstellt haben, werde ich anblasen, dann können die Treiber und Hunde rein. Fragen? Also, los geht's!"

Im „Gänsemarsch" stapfte die Hälfte der Schützen, einschließlich mir, Gerch hinterher.

Der matschige Ackerboden blieb so schnell an den Schuhen kleben, dass man das Gefühl hatte, gewachsen zu sein. „Hätte ich mir doch besser Gummistiefel angezogen, die Schuhe bringe ich ja nie wieder sauber!", dachte ich so für mich.

Diejenigen Jäger, die nicht mehr ganz so gut zu Fuß waren, stellte Gerch zuerst an. „Natürlich, das habe ich mir gedacht, dass ich der Letzte bin, den du anstellst!", sagte ich zu ihm, als ich meinen Platz fast am Ende des Schilfs erreichte.

„Vorletzter", erwiderte er, „ich bin der Letzte, pass aber gut auf, denn das ist nicht der schlechteste Platz!"

Tatsächlich, ich hatte kaum meine Büchse von der Schulter genommen, hörte ich schon lautes Rauschen vor mir im Schilf. Es war ein Gemisch aus Wasserplanschen, gepaart mit knackendem Schilf, das so laut war, als würde man eine ganze Herde Kühe durch das Schilf treiben. Immer näher kann das Geräusch, längst hatte ich meine Büchse im Vorhalt, gespannt wartend, auf welcher Seite von mir die Sauen aus dem Schilf ausbrechen würden. Ein kurzer Blick zu meinen Nachbarn links und rechts sagte mir, dass ihnen dieses Hörspiel auch nicht entgangen war. Die Spannung konnte nicht mehr übertroffen werden, meine Gedanken waren fokussiert auf meine Waffe, den Sicherungsbügel meiner Nachsuchenbüchse K98, auf dem ich nervös meinen Daumen hin und her bewegte. Plötzlich Stille, wie auf Kommando nichts mehr, nur noch der Wind war zu hören, der sanft über das Schilf wehte und die Fahnen hin- und herschaukeln ließ.

Hochkonzentriert und gespannt wartete ich, immer noch in das Schilf blickend, dass sie endlich im Sprung aus dem Schilf kommen würden. Mein Herz schlug bis zum Hals, und mir wurde ganz heiß. „Nicht ins Schilf Helmut, nicht auf die erste Sau schießen, warte, bis sie den Sicherheitsbereich verlassen haben, bloß nicht mit der Waffe durch die Reihen schwenken!" Diese Gedanken blitzten mir durch den Kopf, als mich die Tröte von nebenan erschrecken ließ. Gerch hatte angeblasen, darauf war ich überhaupt nicht mehr gefasst gewesen.

Weit vorne hörte ich lautes Rufen und Schreien, die Treiber waren ins Schilf gegangen, gegenüber und links von mir Hundegebell – jetzt wurden auch die Hunde von den Schützen ins Schilf gelassen. Ein Heidenlärm durchstrich dieses Tal und verlor sich in den angrenzenden Kiefern- und Fichtenwäldern. Unmittelbar vor mir hörte ich wieder etwas: rauschendes Schilf, Wasserplanschen, immer lauter, ich hörte Panik in diesen Geräuschen, die aber nicht mehr auf mich zukamen, sondern sich entfernten – die Sauen flüchteten tiefer ins Schilf.

„Verdammt noch mal, die drehen um, so ein Mist, die waren doch schon da, keine 20 Meter vor mir!“ Immer weiter weg von mir hinein ins Schilf bewegten sich die Schritte und das Rauschen. Wieder ein Blick nach links und rechts zu meinen Nachbarn, die genauso „angepinkelt“ und sichtbar enttäuscht wie ich dastanden. Der Lärm der Treiberwehr kam immer näher, das Gebell der Hunde ging blitzartig in giftige Hetzlaute, kurzes Stellen und wieder Hetzen über. Dann Schüsse, genau gegenüber, links und rechts, viele Schüsse, bestimmt an die 20 Schuss. In solchen Situationen denke ich mir immer wieder, hoffentlich denken die anderen auch daran, dass man nicht ins Treiben schießen darf! Rechts von mir hörte ich laut den Treiberführer rufen: „Treiber durch!“ Und wie ein Echo hallte die Antwort von Gerch zurück: „Nochmal zurücktreiben!“

„Aufstellen, wieder zurück!“, rief der Treiberführer seine Mannen zusammen. Als Treiber muss man echt ein Idealist sein, denn sich bei einer Saujagd durch Sumpf, Wasser und undurchdringliches Schilf zu kämpfen – und das nur für ein Bier und eine Brotzeit –, ist kein Spaziergang.

Wieder das laute Rufen und Schreien der Treiber, das Bellen der Hunde. Es war unmöglich, in diesem Wirrwarr noch zu unterscheiden, ob die Schritte, das Knicken des Schilfs oder das Planschen von Hunden, Treibern oder Schweinen verursacht wurden. Erst als sich die Treiberwehr weiter zum Anfang vorgearbeitet hatte, konnte man die verschiedenen Geräusche wieder zuordnen. Wieder Schüsse, jetzt ganz weit vorne, da, wo die Treiber begonnen hatten, vier, acht, neun Schüsse. Dann wieder Stille, nur der Wind, der unaufhörlich das Schilf hin- und herwogen ließ. Meine Nachbarn hatten mit der Jagd bereits abgeschlossen, denn beide schulterten bereits ihre Büchsen, als kurz darauf wieder die Tröte von Gerch ertönte. Hahn in Ruh! Gerch kam auf mich zu, als ich meine Patronen aus der Büchse repetierte. Innerlich war ich deprimiert, enttäuscht, irgendwie niedergeschlagen – schwierig, dieses Gefühl zu beschreiben, die waren doch schon so nah da!

„Scheiß Platz!“, sagte ich zu Gerch, der mir auf die Schulter klopfte und meinte: „Hab ich extra für dich ausgesucht, komm lass uns zum Sammelplatz gehen!“

Wieder stapften wir das Schilf entlang über die Äcker Richtung Autos. Einen nach dem anderen Schützen sammelten wir wieder ein, wortlos. Dann hörten wir Standlaut drüben im Wald, kurz darauf einen Schuss.

Das war wohl meine Nachsuche, dachte ich so vor mich hin.

Obwohl wir den weitesten Weg zurück hatten, war der größte Teil der anderen Gruppe noch nicht bei den Autos, viele waren mit Bergen, Versorgen und natürlich Fachsimpeln beschäftigt.

Ich stand an meinem Auto und ließ meinen Orgo, den ich bei solchen „Aktionen“ immer im Auto lasse, sich noch die Beine vertreten.

„Na, mal schauen, mein Dicker, bei diesen vielen Schüssen muss doch eine Suche für uns überbleiben!“ Kaum hatte ich diesen Satz ausgesprochen, als schon mein Handy klingelte. Es war Friedrich, der andere Jagdpächter, der die zweite Gruppe angestellt hatte, auf deren Seite die Schweine aus dem Schilf gekommen waren.

„Helmut, komm mal zum Wildacker, ich hab da was für dich!“ Und wie es so ist, wenn man sich kennt, braucht es nicht mehr Worte und er hatte auch schon wieder aufgelegt. Wie so oft, mein Orgo saß schon neben mir, bereiteten wir uns in aller Ruhe auf eine Nachsuche vor. Ich kniete mich zu ihm, legte ihm seine Warnweste, seine Markierhalsung und das GPS-Gerät an. Ich zog meine lange Unterhose und das zweite Paar Socken aus, zog meine Nachsuchenjacke an und überprüfte noch mein GPS-Handgerät, ob ich meinen Orgo auch auf dem Display hatte. Wieder klingelte mein Telefon. „Wo bist du denn?“

„Nur die Ruhe, ich kann nicht fliegen, ich bin gleich da!“ Wir fuhren zum Wildacker am Schilf an den Schützen vorbei, die teilweise dabei waren, ihre Beute zu bergen und zu versorgen, Hunde sprangen herum und zerrten an den toten Schweinen. Am Wildacker angekommen bot sich das gleiche Bild. Fritz stand mit drei anderen Weidmännern am Waldrand und untersuchte offensichtlich einen Anschuss. „Folgendes, Helmut: Drei Schweine, alles Überläufer, sind da drüben aus dem Schilf gekommen, über den Acker gelaufen, alle drei hier in den Wald eingewechselt! Alle drei wurden beschossen, wir haben auch Schweiß gefunden! Das Problem ist, dass alle denselben Wechsel genommen haben, ich bin schon 100 Meter nachgegangen, und der Schweiß wird mehr!“, berichtete er kurz und knapp. Doch einige Informationen fehlten mir noch. Ich fragte die Schützen, ob sie erkennen konnten, ob ihr Stück irgendwie gezeichnet hatte. Mir ist schon klar, dass das zu beobachten fast nicht möglich ist, aber in so einem Fall ist jede Information wichtig, die ich kriegen kann. Wie ich vermutet hatte, waren die Schützen erstens mit den Schweinen beschäftigt gewesen, die im „Schweinsgalopp“ über den Acker gekommen waren, und zweitens natürlich auch damit, dass sie niemanden gefährden.

„Du Fritz, nach dem Abblasen ist doch da oben noch ein Schuss gefallen, was war da? Ich hatte den Eindruck, dass ein Hund eine Sau gestellt und der Hundeführer ihr dann den Fangschuss gegeben hat?“

„Ja, habe ich auch gehört, aber schau dir dieses Caos mal an, ich habe noch überhaupt keinen Überblick! Ach übrigens, hinter den Schweinen war auch noch ein Hund her! Was machen wir jetzt?“, fragte er mich beiläufig.

„Weißt du was“, gab ich als Antwort, „ihr beiden Jagdherren schaut jetzt erst mal, dass ihr einen Überblick bekommt. Wenn dann Ruhe eingekehrt ist und alle Jäger im Wirtshaus sind, kann ich mit meiner Arbeit anfangen! Ganz wichtig für mich ist jetzt, dass alle Hunde eingesammelt werden und kein Schütze mehr selbstständig einer Schweißfährte nachhängt! Ich warte hier auf dich, das dauert jetzt eh etwas, ich schau mir in aller Ruhe mal die Anschüsse an!"

Gesagt, getan, Fritz war mit seinen Schützen weg, und langsam wurde es ruhiger um mich herum. Ich hatte alle Informationen, die ich brauchte, deshalb schickte ich auch die drei Schützen weg, obwohl sie verständlicherweise dabei sein wollten. Einer hätte mir nichts ausgemacht, aber drei waren mir zu viel, und – wenn es zu Hatz und Fangschuss kommen sollte – zu gefährlich. Ich setzte meinen Orgo am Wildacker, wo die Schweine das Schilf verlassen hatten, an. „Such vorhin verwund!"

Ruhig, die Nase am Boden, bögelnd suchte mein Hund, die Kreise immer größer werdend, seine Wundfährte. Es dauerte eine ganze Weile, bis er mit dem Bögeln aufhörte, um einer Fährte zu folgen. Genau in die Richtung des beschriebenen Einwechselns. „Brav, mein Dicker, such verwund die Sau!" Ein kurzes Verweisen sagte mir, dass mein Hund etwas gefunden hatte. „Halt und zeig es mir!" Er wollte aber nicht, sondern zog weiter. „Halt, mein Hund und sitz!"

Das Verweisen ist unheimlich wichtig, leider ist mein Orgo nicht mein alter Gero, der mir durch Zurückschauen zu mir immer klar gezeigt hat, dass ich mir an dieser Stelle etwas näher anschauen soll. Meinen Orgo dagegen muss ich ganz genau beobachten, um zu erkennen, dass er verweist. In diesem Fall fand ich jede Menge Borsten, aber keinen Schweiß.

„Weiter verwund!" Erst als wir am Waldrand angekommen waren, verwies er mir den gut sichtbaren Schweiß.

Nach etwa 100 Metern fand ich Knochensplitter und poröses, daumengroßes Knochenmaterial, keine zehn Meter weiter noch ein fast handtellergroßes Stück. Anhand der Knochenstruktur gab es für mich keinen Zweifel, dass es sich hier um einen Gebrechschuss handeln musste. Hoffentlich war das die Sau, die der Hundeführer vor einer Stunde erlegt hatte! Weiter ging es durch ein Kiefernaltholz, vorbei an aufgeschichteten Holzstapeln, über einen Forstweg. Viel Schweiß, mein Orgo wurde zusehends unruhiger am Schweißriemen, hatte die Nase mehr im Wind als in der Fährte, sagte mir, dass nicht weit vor uns etwas sein musste. Bis hierher waren wir etwa 500 Meter gegangen, dann sah ich eine kleine Fichteneinzäunung vor uns, nicht größer als 20 Quadratmeter. Je näher wir kamen, desto weniger interessierte meinen Hund die Fährte. Ein scharfes „Nur verwund!" hielt ihn aber auch nicht davon ab, mit hoher Nase auf diese Dickung zuzulaufen. Kurz vor der Einzäunung wieder Schweiß, überall um mich herum Schweiß! Ich blickte mich um und sah, dass der Zaun niedergedrückt worden war, links davon Schleifspuren und dann Aufbruch. Wir waren da angekommen, wo der Hundeführer nach der Jagd der Sau den Fangschuss gegeben hatte.

Ich rief Fritz an und fragte ihn, welchen Schuss die Sau hatte, die der Hundeführer erlegt hatte.

Gebrechschuss

„Das kann ich dir nicht sagen, hier liegen neun Schweine kreuz und quer, und fast alle Schützen sind schon weg!“, bekam ich als Antwort. Ich fragte weiter: „Hat irgendeine Sau einen Gebrechschuss?“ „Warte mal …, nein!“, teilte er mir kurz darauf mit.

Minuten vergingen, und ich kam aus dem Grübeln nicht heraus. Das waren doch eindeutig Knochenteile von einem Unterkiefer, eindeutig, das habe ich schon so oft gesehen, und solche Knochen kann man keiner anderen Körperstelle zuordnen.

Ich beschloss, dieses „Schlachtfeld“ mit einer Vorsuche zu umgehen, um so wieder auf eine Verwundfährte zu kommen. Denn sollte eines der drei Schweine wirklich einen Gebrechschuss haben, ich war mir sicher, würde mein Hund diese Fährte anfallen und es müsste noch reichlich Schweiß zu finden sein.

Einen Gebrechschuss zu suchen ist immer schlimm: Keine lebenswichtigen Organe sind verletzt, der Körper produziert massenweise Adrenalin, um die Schmerzen zu lindern, dazu kommt noch, dass die Motorik vollkommen intakt ist. Das verwundete Tier läuft, bis es umfällt, kein Wundbett. Nach meiner Erfahrung ist eine von zehn Nachsuchen auf einen Gebrechschuss erfolgreich. Ich stellte mich auf eine sehr weite Suche ein.

Ich lobte meinen Orgo und trug ihn von dieser Fährte ab, um ihn hinter dem Zaun neu anzusetzen. „Brav, mein Dicker, such vorhin verwund!“ Er schaute mich kurz an, steckte wieder seine Nase in den Boden und begann zu suchen. Immer wieder holte er Wind, weil sogar ich die „Schlachtschüssel“ hinter uns riechen konnte. „Such weiter, mein Hund, immer weiter, such verwund!“ Immer wieder rüdete ich meinen Orgo an und sprach mit ihm. Dann ein intensives Verweisen, so eindeutig, wie ich es von ihm so noch nicht gesehen habe. Nadelstreu, kaum Bewuchs, viele Fichtenzapfen, die Zeit blieb stehen, jeden dieser Zapfen drehte er zweimal um, immer wieder lobte ich ihn und versuchte mit meinen Augen ein Pirschzeichen zu ergattern, aber nichts. Langsam zog er weg, hochkonzentriert, Nase und Lefzen tief an der Nadelstreu, ich konnte hören, wie er die Witterung in sich aufsog. Ich war mir sicher, das war seine Fährte.

Ich kenne meinen Hund, so arbeitet er nur im „Nachsuchenmodus!“ Alle Sinne auf einer Fährte, drei Individualwitterungen, Duftmarken, die nur Nuancen auseinanderliegen, in ihre Einzelteile zu zerlegen, um die eine zu finden, das ist höchste Nachsuchenkunst, für uns Menschen ist so etwas unbegreiflich.

Und weil ich eben nur ein Mensch bin, trug ich meinen Orgo nach 200 Metern von dieser Fährte ab, ich war mir unsicher, ich vertraute ihm auf einmal nicht mehr, ich sah absolut nichts, keinen Schweiß, keine Fährte, nichts. Ein Schwein mit Gebrechschuss – und es musste ein massiver Gebrechschuss sein – musste nach dieser kurzen Entfernung noch schweißen. Also wieder zurück und das ganze Spiel von vorne, viel Zeit hatten wir nicht mehr, langsam brach die Dämmerung in den Wald.

Ich markierte die Stelle, die er so intensiv verwiesen hatte und setzte ihn zehn Meter daneben wieder neu an. Doch nichts zu machen, er drehte um und fiel wieder diese Fährte an. „Du sturer Hund, nur verwund!“ Mein Ton wurde schärfer, denn ich wusste, dass das immer hilft, um ihn „auf den richtigen Weg zu bringen“. Wieder neu angesetzt, jetzt etwas weiter von seiner „falschen“ Fährte weg, zeigte er mir sein totales Unverständnis. Er setzte sich und ich versuchte alles, vom lauten Zureden bis hin zum Schimpfen, ich gebe es zu. Es half nichts mehr. Mein Orgo verweigerte die Arbeit, er saß nur da und schaute mich mit seinen großen dunklen Augen an. Ich war total genervt, ich war so wütend, dass ich vergaß, dass wir ein Team sind und wir nur gemeinsam die Fährte und die Sau finden können. Das wurde mir schlagartig klar. Ich ging zu meinem Hund, kniete mich vor ihn und nahm ihn in den Arm. „Alles gut, mein Dicker, ich hab dich total vergessen, du bist mein Großer!“ Ich streichelte ihm über sein Haupt, tätschelte ihm seinen Hintern und redete ganz sanft mit ihm. Ich hatte alle Grundsätze der Nachsuchenarbeit verloren, weil ich mir eingebildet hatte, ich wüsste es besser. Ich war so hochnäsig herablassend zu meinem Gefährten gewesen, wie es mir noch nie passiert ist, ich schämte mich für mich selbst.

„Komm, wir gehen heim, es wird eh zu spät!“ Mit diesen Worten nahm ich meinen Hund kurz am Schweißriemen und ging los. Wir waren etwa 25 Meter gegangen, als mich ein Ruck in meinem Arm stoppte, ich schaute mich um und sah, dass mein Orgo stocksteif dastand und Schweiß verwies. Ich traute meinen Augen nicht, wirklich Schweiß, viele kleine Spritzer, überall auf den Fichtenzapfen, sogar an den Fichten und an den Kiefern war Schweiß!

„Brav, mein Hund!“ Hier konnte die Sau, die weiter drüben erlegt worden war, nicht gewesen sein, das musste die Sau mit dem Gebrechschuss sein.

„Hatte ich doch recht, du Köter!“, sagte ich sanft zu meinem Hund. Ein Kommando brauchte ich ihm nicht zu geben, denn er hatte die Fährte längst angefallen. Es ging im weiten Bogen durch den Wald, der Bestand wurde etwas dichter, gleichmäßig mischten sich Fichten und Kiefernjungholz. Ich war total happy, als wäre nichts gewesen, hingen wir dieser Schweißfährte nach. Mir war es, als gingen wir im Kreis, meine Orientierung hatte ich längst verloren, ich konzentrierte mich nur noch auf den Schweiß und meinen Hund. Viel Tageslicht hatten wir nicht mehr, daher beschloss ich, am nächsten Hauptweg die Suche abzubrechen und am nächsten Tag neu anzusetzen.

Als wollte mein Hund der Dämmerung davonlaufen, um ja nicht aufhören zu müssen, zog er mich den vor uns liegenden Hang hinunter. Schon halb im Hang sah ich, dass es vor uns heller wurde, hier war der Wald zu Ende. Je näher wir dem Waldrand kamen, umso eindeutiger konnte ich das große Schilf erkennen. Nach weiteren 200 Metern standen wir am äußersten Zipfel des großen Schilfgürtels. Jetzt wusste ich wieder, wo wir waren, einen Kilometer vom Ausgangspunkt (Anschuss) entfernt war die Sau wieder ins Schilf gewechselt. Klar, hier hatte sie Schutz und Wasser, das sie zur Kühlung brauchte. Das Schilf war komplett umstellt gewesen, also sind hier auch Schützen gestanden. Somit konnte die Sau erst wieder zurückgewechselt sein, als die Schützen abgezogen waren.

Kein Gedanke mehr ans Aufhören und ans Weitermachen am nächsten Tag, uns beiden war klar, in diesem Schilf ist die Fährte zu Ende. Hier draußen hatten wir noch genügend Licht, das strohgelbe, verblasste Schilf schien diesen Effekt noch zu verstärken. Am Einwechsel fanden wir wieder Schweiß. Ohne auch nur den Hauch eines Überlegens streifte ich meinem Orgo das Brustgeschirr ab, gab ihm einen Klaps auf den Hintern und rief: „Fass, gib Laut!“

Das dichte Schilf verschlang meinen Orgo innerhalb von Sekunden, gespannt horchend stand ich mit dem Schweißriemen da, hörte das Knicken von Schilf, das umso leiser wurde, je weiter er sich entfernte. Dann gab er Laut. Allerdings lag durch den Wind, der über das Schilf wehte und die einzelnen Stängel aneinander rieb, ein lautes Rauschen in der Luft. Ich ließ den Schweißriemen fallen und machte mich auf den Weg zur Bail, immer weiter hinein, immer wieder stehenbleibend und horchend, denn durch das Brechen des Schilfes und das Waten im Wasser konnte ich meinen Hund nicht mehr hören. Ich zerrte mein GPS-Gerät aus der Brusttasche und folgte dem Pfeil. Verdammt, die Sau stellte sich nicht! Kein Wunder, erfahrungsgemäß stellt sich ein Schwein mit Gebrechschuss erst dann einem Hund, wenn es nicht mehr flüchten kann.

Je weiter ich ins Schilf hineinging, umso nässer wurde es, zuerst stand ich bis zu den Waden, zuletzt fast bis zu den Knien im Sumpf und kam nicht mehr weiter. Keine 50 Meter vor mir Standlaut. Mit aller Kraft versuchte ich, meine Beine aus dem Schlamm zu ziehen, fiel um, versuchte wieder aufzustehen, aber keine Chance. Im Liegen zog ich mich mithilfe einer Weide und dem Schilf aus dem Dreck und krabbelte auf allen vieren die drei Meter bis zur Weide, um mich an einem waagrechten Ast festzuhalten. Hier war das Wasser noch tiefer, aber nicht mehr ganz so sumpfig, ich stand bis kurz vor der Unterhose im dreckigen Sumpfwasser. Ich holte mein Handy aus der Hosentasche und steckte es ebenso wie mein GPS-Gerät in die Brusttasche. Giftiger, immerwährender Standlaut vor mit, aber durch das dichte Schilf sah ich nichts. Ich holte meine Büchse von der Schulter, überprüfte das Panzertape über der Mündung, damit kein Schlamm, Dreck oder Wasser in den Lauf geraten konnte, repetierte eine 9,3 x 62 ins Patronenlager und schob den Sicherungsbügel nach oben. Ich musste weiter nach vorne, die Bail stand, Schritt für Schritt arbeitete ich mich durch das Schilf zu meinem Hund vor, ich hatte keine Sicht und orientierte mich nur am Laut meines Hundes. Unter höchster Anspannung, die Waffe im Voranschlag, jederzeit bereit zum Schuss, war ich unmittelbar vor meinem Hund, noch zwei bis drei Meter trennten uns, das Schilf lichtete sich.

Ich sah meinen Orgo stehend auf einem Schweinebett*, und zwei Meter vor ihm stand regungslos die Sau im Schlamm. Mir bot sich ein beeindruckend schauerliches Bild, die Sau konnte nicht mehr weiter, sie hatte sich im Schlamm festgelaufen oder wollte einfach nicht mehr, sie stand zehn Meter vor mir breit, der Unterkiefer hing unnatürlich nach unten, nur noch von der Schwarte gehalten. Das Wasser ringsum war braunrot verfärbt, die Sau war so weit eingesunken, dass ich nur noch das Haupt und das obere Drittel ihres Körpers sehen konnte. Manchmal, sehr selten, hätte ich die Gelegenheit, ein Foto zu machen. Das wäre so ein Moment gewesen. Aber immer kommt mein Gewissen in mir hoch, das mir sagt: Das hat dieses Stück nicht verdient, ich bin hier, um es von seinem Leid zu erlösen und nicht, um das Leiden auch nur eine Sekunde hinauszuzögern!

Also gab ich der Sau den Fangschuss auf den Teller, ohne eine Regung stand sie weiter halb versunken im Schlamm da, nur ihr Wurf versank im Wasser. Ich watete zu meinem Hund auf seinem trockenen Schweinebett, setzte mich zu ihm, sodass

* Ein Schweinebett ist fein zerbissenes Schilf, so weit aufgehäuft, dass es über der Wasseroberfläche ist, auf dem mehrere Schweine liegen können, den Weg dorthin müssen Schweine immer schwimmend oder watend zurücklegen. Durch das Schilfpolster und den moorigen Untergrund ist es immer warm.

die Beine noch im Wasser baumelten. „Alles gut, mein Dicker, das haben wir prima gemacht, still jetzt, die Sau ist tot!" Weil das Schwein immer noch stand, meinte mein Orgo, dass es immer noch lebte. Ich rief Friedrich an, ich ließ es lange klingeln, gelangte aber in die Sprachbox. So ein Mist, der saß bestimmt in der Kneipe und „trank seine Schweine tot"! Noch bevor ich zu Ende gedacht hatte, klingelte mein Handy. „Hallo Helmut, wo bist du denn? Kommst du noch ins Seestüberl?"

„Nein Fritz, du kommst zu mir ins Schilf und bringst noch mindestens fünf Mann mit, wir müssen noch eine Sau bergen!" Ich musste dem Jagdherrn nicht lange erklären, wo er hinkommen sollte: einfach das Schilf entlang bis zu meinem Schweißriemen.

Durch das Schilf war es noch relativ hell, ich saß bei meinem Orgo, nahm ihn wieder in den Arm. Hier im Schilf war es windstill, ja, angenehm warm, der Wind strich nur über die Fahnen des Schilfs, um mit ihnen sein Spiel zu treiben. Wir beide genossen diesen Augenblick in vollen Zügen. Dieser Moment wäre ein Bild wert gewesen, wir beide auf dem Schweinebett, mein Hund patschnass, von der Hüfte abwärts war auch ich bis auf die Knochen nass. Meine rote Nachsuchenhose und orangefarbene Jacke waren schwarz und voll stinkendem, schlammigem Moor, meine Hände, meine Waffe, mein Gesicht, überall dieser stinkende Moorschlamm. Aber es war schön, hier zu sitzen, in diesem Moment wollte ich nirgendwo an-

Sau im Schilfbett

ders sein. Als ich die Motorengeräusche der nahenden Autos hörte, kroch langsam die Kälte in mir hoch. Stimmengewirr am Schilfrand, und dann ein lang gezogenes „HUUUBB".

Durch Zurufen lotste ich die Bergehelfer zu uns, die wiederum zurückriefen: „Da ist überall Wasser! Wir kommen nicht weiter! Wie bist du da reingekommen?" Nach ewiger Zeit war Fritz mit drei Mann bei mir.

Obwohl das Schwein höchstens 40 Kilogramm auf die Waage brachte, war das Bergen Schwerstarbeit. Es steckte so fest im Schlamm, dass wir es erst einmal zu viert anheben mussten, um es dann auf die Seite zu legen.

Als wir endlich bei den Fahrzeugen ankamen, war es dunkel geworden. Ich sagte noch zu Fritz, dass er das Schwein zu Hause erstmal mit dem Wasserschlauch abspritzen sollte, bevor er es aufbrach.

„Und euch zwei und uns alle gleich mit, schaut uns nur an, wie wir ausschauen! So können wir doch nicht in ein Auto steigen!", sagte er mit einem breiten Grinsen.

Aber er hatte recht, so nass, stinkend und dreckig konnte keiner von uns in ein Auto. Fritz rief einen befreundeten Landwirt an, der mit Traktor und Anhänger kommen und uns abholen sollte. Jetzt war's nicht mehr schön, ich fror „wie ein Schneider", die Viertelstunde wollte einfach nicht vergehen. Um die Zeit totzuschlagen und die Kälte zu vergessen, erzählte ich den vier gespannten Zuhörern von unserer Nachsuche. Endlich erblickten wir die Lichtkegel und hörten Traktorgeräusche in der Ferne, Gott sei Dank. Fünf Mann, ein Hund und ein totes Schwein, wobei es dem Schwein nichts mehr ausmachte, saßen frierend auf der Ladefläche des Anhängers. Kurz darauf kamen wir bei meinem Auto an, und Fritz verabschiedete sich noch mit den Worten: „Du darfst das nächste Mal wiederkommen!"

Jetzt stand ich da, daran hatten wir alle nicht mehr gedacht: Ich sah von allen am schlimmsten aus, ich konnte mich so auch nicht in mein Auto setzen. In der Ferne hörte ich noch das „Pfopfern" des Traktors. Ich stand am Auto und schälte mich aus meinen nassen Klamotten. Ich hatte ja noch die lange Unterhose und die Socken, die ich vor Stunden ausgezogen hatte. Nackt, nur noch mein T Shirt hatte ich an, sprang ich in die trockenen Sachen. Die Fußmatten vom Auto legte ich in den Kofferraum, um darauf meine nassen, dreckigen Klamotten zu legen. Meinen Hund verstaute ich im Fußraum auf der Beifahrerseite, wir waren schon fast Zuhause, bis endlich was von der Heizung zu spüren war.

Als ich zu Hause ankam, holte ich erstmal eine warme Jacke aus der Garage, und noch bevor ich mich bei meiner Frau bemerkbar machte, schmiss ich die ganzen Nachsuchenklamotten in die Regentonne, um sie vorzuwaschen. Anschließend hängte ich alles über die Wäscheleine im Garten. Meine Büchse und die Stiefel spritzte ich mit dem Gartenschlauch ab. Vorsichtig, damit meine Frau uns so nicht zu sehen bekam, gingen wir über die Außentreppe in den Keller, ich stellte meinen

Hund in die Kellerdusche und wusch ihm den Dreck herunter. Durch sein dunkel gestromtes Fell war mir gar nicht aufgefallen, wie dreckig er wirklich war, das Wasser, das von ihm ablief, war schwarz. Jetzt war ich dran, es tat unbeschreiblich gut: das warme Wasser auf meiner Haut. Als ich mich abtrocknete, hörte ich oben die Kellertür aufgehen, und kurz darauf stand meine Frau mit den Worten in der Dusche: „Was riecht denn hier so komisch?“ Und dann: „Du lieber Gott, wie sieht es denn hier aus? Wo kommt ihr denn her?“

Nackt, zum Glück schon geduscht, stand ich vor meiner Frau, mein Hund auf dem Badeteppich. Erfreut, sein Frauchen zu sehen, schüttelte er sich erstmal kräftig, sodass das ganze Bad bis zur Decke nassgespritzt wurde, leider auch das Frauchen.

Sie war gar nicht erfreut und schimpfte: „Das ist doch jetzt nicht dein Ernst! Du kannst bei deinem Hund im Zwinger schlafen! Das machst du ganz alleine sauber! Hier stinkt es wie in einer Kloake!“ Dann fiel die Tür zu.

Nachdem ich die Wogen wieder geglättet hatte, stand ich mit Putzeimer und Lappen im Bad und putzte die Fliesen. Ich hatte jetzt Zeit zum Nachdenken, etwas ging mir nicht aus dem Kopf: Warum wollte mein Hund heute unbedingt dieser einen Fährte folgen, und warum war er sich so sicher?

Später saß ich noch mit einem Glas Wein bei meiner Frau auf dem Sofa und erzählte ihr von der Jagd und unserer Suche, auch von den Grübeleien vorher in der Dusche und davon, dass mein Hund ohne mich einer falschen Fährte nachgehangen wäre.

„Und wenn der Orgo gar nicht falsch war und du das nur meinst?“, fragte sie mich und fuhr ohne Pause fort: „Du sagtest doch, es waren drei Schweine, auf die geschossen wurde, vielleicht hatte die andere ja auch eine Verletzung!“

Ich sagte nichts und grübelte weiter. Genau, es waren drei, das konnte natürlich sein, vielleicht hatte sie recht! Meine Frau schaute mich an und fragte: „Was ist los? Kann doch sein, oder? Da musst du morgen noch einmal hinschauen!“ Ich liebe diese Frau.

Noch am selben Abend rief ich den Fritz an und sagte ihm, dass mir was nicht stimmig vorkommen würde und ich morgen gerne nochmal in sein Revier wollte.

Er sagte mir, dass er zwar auf der Arbeit wäre, aber ich könne jederzeit in sein Revier, vorsichtshalber würde er noch die angrenzenden Jagdpächter verständigen, dass ein Nachsuchenführer unterwegs sei.

Am nächsten Tag stand ich um 09:00 Uhr am selben Platz, an dem ich am Vortag mein Auto geparkt hatte und ging mit meinem Hund durch das Kiefernholz den Hang hinauf zu dem Punkt, den mein Hund so intensiv verwiesen und den ich markiert hatte.

„Also, mein Hund, sollst dein Recht bekommen, such vorhin verwund!“ Mit diesen Worten legte ich meinen Hund zur Fährte.

Wieder dieses ewige Bögeln und Zurückgreifen, ich setzte ihn wieder neu an. Ich war mir sicher, dass wir umsonst gekommen waren. Doch dann, nach bestimmt fünf Minuten, zog er weg, genau den Weg, den wir gestern schon 200 Meter gegangen waren. Etwas langsam, aber voll konzentriert, sodass ich den Schweißriemen fallen ließ, arbeitete sich mein Orgo vorwärts. Um ihn in seiner Konzentration nicht zu stören, sagte ich kein Wort, stattdessen suchte ich mit den Augen nach irgendwelchen Pirschzeichen. Aber nichts, überhaupt nichts! Je länger er auf der Fährte war, umso sicherer wurde er. Er saugte diese Fährte und die Witterung förmlich auf. Zwar immer noch etwas langsam, aber für mich doch zusehends überzeugend, kamen wir gut vorwärts. Nach ca. 800 Metern verließen wir das Kiefernholz und kamen in ein Fichtenjungholz mit vereinzelten Buchen und Eichen. Das Suchen nach Schweiß hatte ich längst aufgegeben, meine Konzentration galt alleine meinem Hund. Das half mir auch, meine Zweifel, die sich wieder meldeten, beiseitezuschieben.

Trotz aller guten Ratschläge, die ich immer wieder gebe, die ich auf meinen Vorträgen predige und mir den Mund darüber fusselig rede, bin ich wahrscheinlich der größte Zweifler von allen. Die vielen hundert Fährten, denen ich nachgehangen bin, haben mich dazu gemacht, es ist zwar menschlich, doch genau darum ist es auch falsch! Vertraue deinem Hund, er hat immer recht!

Nach eineinhalb Kilometern überquerten wir eine Ortsverbindungsstraße, hier brauchte mein Hund eine ganze Weile, um auf der gegenüberliegenden Seite den Abgang zu finden. Es ging parallel den Hang hinauf, nach weiteren 300 Metern wurde es richtig dick. Unmittelbar vor uns war eine Fichtendickung, ausschließlich Naturverjüngung in allen Altersklassen, durchwachsen mit daumendicken Brombeerranken.

Ich hatte mich am Schweißriemen zu meinem Hund nach vorne gearbeitet, damit ich schnell bei ihm sein konnte, falls er geschnallt werden musste. Ich erkannte, dass Orgo seinen Kamm aufgestellt hatte, im selben Moment hörten wir ein lautes Rumpeln vor uns.

Jetzt passierte alles in Sekundenschnelle. Die Sau nahm uns an, ließ Orgo unbeachtet stehen und ging sofort auf mich los. Sie holte mich von den Beinen, sodass ich rücklings in den hinter mir liegenden Graben auf meine Waffe fiel. Mein Orgo sprang über mich und packte die Sau, die sofort wieder umdrehte, um mich erneut anzunehmen, am Wurf. Ohrenbetäubendes Schweineschreien (ich kann es nicht anders ausdrücken) durchhallte den Wald. Ich sprang sofort wieder auf, zog mein

Abfangmesser (keine Zeit für die Büchse) und sprang auf das Schwein, wie ein Cowboy, der einen Bullen reitet.

Eher nebenbei, nicht bewusst, spürte ich plötzlich einen kurzen, starken Schmerz am linken hinteren Oberschenkel unterhalb des Gesäßes, der aber sofort wieder vorbei war. Mit der linken Hand packte ich die Sau am Teller, mit der rechten rammte ich ihr mein Messer hinter das Blatt. Ich spürte, dass ich eine Rippe durchschlagen hatte, warmer Schweiß quoll über meine Hand, mit einem kräftigen Ruck nach unten führte ich mein Messer durch Herz und Lunge. Ich zog das Messer heraus und stach wieder zu, drehte es im Wildkörper nach links und rechts, ließ es stecken. Spürbar verließ das Leben diese Kreatur, immer noch quoll der Schweiß in Strömen heraus, durch die Verbindung mit meinem Messer, das tief im Brustkorb steckte und das ich fest in meiner Hand hielt, spürte ich, wie der Pulsschlag immer weniger wurde. Die Sau sank zusammen, spukte Schweiß, zuckte kurz, aber der Tod war längst gekommen. Das alles geschah in weniger als zwei Minuten, ich ließ mich zur Seite fallen, mir fehlte die Kraft aufzustehen.

Mein Orgo war noch immer nicht fertig mit ihr, er bellte und beutelte die Sau die ganze Zeit. Ich lag da, völlig kaputt, und beobachtete dieses Schauspiel. Hatte er also doch recht und ich unrecht, was für ein Hund, ich konnte es noch gar nicht glauben!

Er ließ von seinem Schwein und kam zu mir, sein Blick war voller Stolz, als wollte er angeben: „Na, was sagst du jetzt?" Ich packte ihn mit beiden Händen am Behang, zog ihn zu mir und liebelte ihn ab. Mein ganzer Körper tat mir weh, ich konnte kaum aufstehen, geschweige denn laufen. Jetzt wollte ich aber unbedingt wissen, wo das Schwein die Kugel hatte.

Der Schuss war durchs kleine Gescheide gegangen, noch unmittelbar vor der Keule, daher hatte es nicht bzw. nur sehr wenig geschweißt.

Ich brauchte Hilfe, das Schwein hatte etwa die gleiche Gewichtsklasse wie das gestern, außerdem hatte ich richtig heftige Schmerzen im linken Oberschenkel. Als Orientierung hatte ich nur die hinter mir liegende Ortsverbindungsstraße. Ich rief Fritz an und schilderte ihm meine Situation.

„Pass auf, Helmut, ich ruf den Georg an, der ist zu Hause. Geh zur Straße zurück, da findet er dich. Ich mach mich auch auf den Weg, bin aber noch auf der Arbeit, bis ich bei euch bin, dauert es etwas!"

Meinen Hund ließ ich bei der Sau, nahm meine Waffe und machte mich auf den Weg zur Straße. Immer noch hatte ich starke Schmerzen im linken Oberschenkel, ich hatte mir wahrscheinlich im Nahkampf den Fuß verdreht. Georg hatte mich schnell gefunden, zum Bergen mussten wir die Sau den ganzen Weg bis zur Straße schleppen.

Wir beide hatten genug von der Jagd, darum wartete ich nicht mehr auf Fritz, sondern ließ mich von Georg direkt zu meinem Auto fahren.

Zu Hause angekommen, konnte ich nur mit Mühe aus dem Auto aussteigen, mein ganzer Körper tat mir weh, jedes Kleidungsstück, das ich anhatte, war voller Schweiß, klar, ich hatte ja eben eine Sau abgefangen. In meinem Jägerzimmer im Keller setzte ich mich auf einen Stuhl und meine Frau zog an der Hose, jetzt sahen wir, warum ich solche Schmerzen hatte. Auf meinem linken Oberschenkel unterhalb meines Hinterns war der Abdruck eines Raubtiergebisses zu erkennen. Die Fangzähne waren ins Fleisch eingedrungen, sodass ich blutete, dahinter waren auf der Haut die Reißzähne vom Unter- und Oberkiefer schön zu erkennen.

Meine Frau sah mich mit großen Augen an und war sprachlos, für mich ergab das aber sofort einen Sinn. Als ich auf die Sau sprang, hatte sich wahrscheinlich mein Hund neu orientiert, er war auf der Jagd, er hatte sich an seiner Beute festgebissen und hatte beim erneuten Fangen nicht die Sau erwischt, sondern mich. Das alles war so schnell gegangen, im Nachhinein konnte ich nicht mehr sagen, wo mein Hund gewesen war, als ich auf die Sau gesprungen war. Das ist eben „Berufsrisiko", meinem Orgo konnte ich nicht böse sein, es hätte viel schlimmer kommen können.

Meine Frau fuhr mich noch ins Krankenhaus, rein vorsorglich ließ ich meinen Tetanus-Status auffrischen und die Wunde verbinden. Größere Probleme als mit meinem Bein hatte ich am nächsten Tag mit meinem Rücken. Als ich rückwärts in den Graben gefallen war, war ich mit der Wirbelsäule auf meiner Waffe gelandet, dadurch hatte ich mir die Wirbelsäule geprellt. Jeder, der so eine Prellung schon mal hatte, kann mich verstehen, ich hatte über Wochen derartige Schmerzen, dass ich ohne Schmerzmittel nicht mal zum Pinkeln konnte.

Mein Fazit: Eine Nachsuche ist immer etwas Besonderes, auch wenn sie einen mal mehr und mal weniger vor Herausforderungen stellt, die einem vorher nicht bekannt sind, darüber muss man sich im Klaren sein. Deshalb braucht es aber auch Gespanne von Hunden und Nachsuchenführern, die mit solchen Herausforderungen umgehen können.

Übrigens, die Haustür ist mittlerweile gestrichen, und die Farbe ist gar nicht mal so schlecht.

Fichtennadelbad

Tauwetter im Januar! Erst eine Woche zuvor hatte uns eine Kaltfront eine herrliche Neue beschert. In den Medien war nur noch vom plötzlichen Wintereinbruch und Schneechaos zu hören. Bei uns in Mittelfranken herrschte ganz normaler Winter, na ja, die Medien brauchten eben ihre Meldungen. Wenn sonst nichts passierte, war eben plötzlicher Wintereinbruch im Januar auch eine Schlagzeile wert.

An diesem Samstagmorgen hatte es um 05:00 Uhr aufgehört zu schneien, am Frühstückstisch sagte ich zu meiner Frau, dass es heute bestimmt eine Jagd geben würde. Wie eine Glucke ihr Ei bewachte ich regelrecht mein Handy, aber nichts rührte sich. Bis sich jemand meldete, wollte ich ins Revier fahren, um selbst Sauen abzufährten. Also nahm ich meinen Hund, und wir fuhren in meinen Pirschbezirk, ein ausschließliches Waldrevier, das drei Kilometer von meinem Haus entfernt ist.

Auf dem Weg zum Wanderparkplatz entschloss ich mich, mein Auto stehen zu lassen, um das Abfährten mit einem ausgedehnten Spaziergang zu verbinden.

Noch keine Fußspuren im Schnee, keiner, der mit seinem Fahrzeug durch den Wald gefahren war, um in fremden Revieren nach Schweinen zu schauen, jungfräulich lag der verschneite Waldweg vor uns.

Nach zwei Stunden kam die Ernüchterung: keine Bewegung im Revier, hie und da querte ein Fuchs die Waldwege, aber keine Fährten von Sauen. Jeder erfahrene Saujäger kennt natürlich dieses Phänomen, dass sich Schweine gerne „Einschneien“ lassen und erst nach ein bis zwei Tagen wieder auf den Läufen sind. Kurzum, keine Bewegung im Revier und kein Anruf von irgendeinem Jagdherrn.

Also verbrachten mein Hund und ich den Nachmittag bei meiner Frau und den Pferden.

Am Abend saß ich mit einem Glas Frankenwein in meinem Arbeitszimmer beim Schreiben, als mein Handy klingelte. Am Display sah ich, dass Heiner S. am anderen Ende war.

In seiner ruhigen Art erzählte er mir, dass sein Mitpächter heute zwei Sauen fest hatte, eine wurde erlegt und die andere, eine starke Sau, hatte nach Angaben des Schützen einen Keulenschuss, am Anschuss fand man mehrere Knochensplitter. Dem Jagdpächter vom angrenzenden Revier, der sich auf einem Fernwechsel postiert hatte, ist die Sau auf gut 170 Meter übers freie Feld gekommen, das war aber schon mindestens einen Kilometer vom Anschuss entfernt. Auch er hatte auf die Sau geschossen, jedoch stehend freihändig. Nach seinen Angaben hat er die Sau gefehlt, kann jedoch bestätigen, dass sie krank war und den Hinterlauf schonte.

„Hast du morgen Zeit, um da mal nachzuschauen?“

„Klar komm ich, Heiner, soll ich zu dir in die Wirtschaft kommen?“ Wir verabredeten uns für Sonntag um 08:30 Uhr bei ihm. Heiner ist von Beruf Gastronom und Pächter in einem überaus großen und landschaftlich sehr reizvollen Revier in Feuchtwangen. Das Gelände in seinem Revier ist, gelinde gesagt, für Nachsuchen sehr anspruchsvoll: eine typisch mittelfränkische Hügellandschaft mit vielen großen Fichtendickungen, die mit Brombeeren durchwachsen sind. Sauen sind bei ihm ständiges Wechselwild. In seinem Hotel gibt es beste fränkische Küche und vor allem, was in Mittelfranken eine Seltenheit ist, immer Wild auf der Speisekarte.

Wie nach jedem Anruf mit der Bitte um eine Nachsuche gingen mir auch an diesem Abend die Informationen, die ich bekommen hatte, durch den Kopf. Das konzentrierte Schreiben, in das ich noch zehn Minuten zuvor vertieft war, wich augenblicklich dem Fokus auf die Nachsuche am folgenden Tag. Eine Information schien mir nicht stimmig: Eine Sau mit Keulenschuss läuft doch keinen Kilometer mehr, vor allem, wenn am Anschuss schon mehrere Knochensplitter gefunden worden waren.

Ich kniete mich zu meinem Orgo, der wie immer bei mir in meinem Arbeitszimmer in seinem Körbchen lag, und erzählte ihm die Geschichte.

„Eine Sau mit Keulenschuss geht doch keinen solch langen Weg, was meinst du?“

Wir gingen in den Keller, um unsere Ausrüstung zusammenzusuchen, ich redete ununterbrochen auf meinen stillen Zuhörer ein, als unerwartet meine Frau, die im Wäschekeller stand, unsere Zweisamkeit mit den Worten unterbrach: „Lass mich raten, ihr zwei habt morgen eine Nachsuche, sonst würdest du nicht so viel mit deinem Hund reden!“

Ich erzählte ihr von Heiners Anruf und dass ich an der Theorie vom Keulenschuss starke Zweifel hätte.

„Ihr zwei macht das schon, das ist gar nicht mal schlecht, ich wollte sowieso schon lange wieder mal zum Heiner Essen gehen!“, war ihre Antwort.

Ja, der Heiner lädt mich und meine Frau immer zum Essen ein, eine Art „Nachsuchenlohn“, weil er weiß, dass ich für eine Nachsuche kein Geld nehme.

Am nächsten Morgen waren von der geschlossenen Schneedecke nur noch Reste da, wie verschieden große Teppiche lagen weiße Tupfen auf den grauen Feldern. Ein stürmischer Wind und Temperaturen um die drei Grad haben in der Nacht die Regentschaft übernommen. Und damit die Suche nicht zu einfach würde, hatte kurz vor Feuchtwangen noch leichter Regen eingesetzt.

Wie verabredet war ich um 08:20 Uhr bei Heiner und ging in die Gaststube, seine Frau erwartete mich schon mit den Worten: „Ich sag Heiner Bescheid, dass du da bist, setz dich schon mal in die Ecke, ich bring dir einen Kaffee!“

Die Ecke ist beim Heiner im wahrsten Sinne des Wortes eine Ecke in der Gaststube, wo sich nur das Personal und die Jäger hinsetzen, schön abgeschirmt von den übrigen Gästen des Hauses.

Ein älterer Herr um die siebzig, den ich anhand seiner typischen Jagdklamotten sofort als Jäger identifizierte, saß bereits in der Ecke bei seinem Kaffee. Es war Richard, der Revierpächter vom übernächsten Revier, in dem die Schweine ihr „Zuhause" hatten, wie er mir sagte.

Ich kannte Richard noch nicht, auf mich wirkte er auf Anhieb sehr sympathisch und reich an jagdlicher Erfahrung. Ich schilderte ihm die Nachsuche-Situation, die mich erwartete. Er meinte, wenn das Schwein schon gestern im Nachbarrevier gesehen worden war, würden wir es mit Sicherheit erst in seinem finden, denn bessere Einstände gab es nirgends.

„Oh, du lieber Gott, das kann ja was werden!", dachte ich für mich. Ich kannte ja Heiners Revier mit den vielen Dickungen und den Brombeeren ganz gut, aber wenn Richards Revier noch bessere Einstände hatte, würde einiges auf uns zukommen.

Er kannte mich nicht, ich kannte ihn nicht, und so kam ein sehr interessantes Gespräch zustande. „Junger Mann", fragte er, „was hast du denn für einen Hund? Ihr dürft gerne in mein Revier, aber bei diesem Wetter und bei den Geländebedingungen fürchte ich, dass das kein Spaß wird! Macht ihr das öfter?"

Ich nehme an, damit hat er die Nachsuchen gemeint und antworte: „Ja, schon, ich mache fast nichts anderes mehr als Nachsuchen!" Ich erzählte ihm, dass ich seit nunmehr neun Jahren einen Hannoverschen Schweißhund führe, dass ich vorher einen Bayerischen Gebirgsschweißhund hatte und anerkannter Nachsuchenführer in Bayern sei.

Solche zufälligen Begegnungen sind für einen Nachsuchenführer die beste Voraussetzung, um sich voranzubringen, nicht nur, weil dieser Jäger ein Sauenrevier hat, es sind die Erfahrungen und Geschichten dieser erfahrenen Jäger, die das Weidwerk ihr ganzes Leben lang gelebt haben, die mich interessieren und weiterbringen. Nicht die Vorträge in den Jägervereinigungen, die ich halte, nicht die rechtlichen Grundlagen der Wildnachfolge in Bayern, auch nicht, dass ich mir den Mund fusselig rede, mich doch anzurufen, wenn ein Schuss daneben geht – nein, das persönliche Gespräch ist es, das einen Revierinhaber dazu verleitet, einen anerkannten Nachsuchenführer zu rufen.

Während dieses Gesprächs kam Heiner in die Ecke, und wie es eben bei einem vielbeschäftigten Wirt so ist, hielt er sich nicht lange mit einer Begrüßung auf, sondern legte mir eine kleine Schachtel mit Knochensplittern auf den Tisch: „Das haben wir am Anschuss gefunden, was meinst du?"

Ohne Worte nahm ich die Schale und sah mir die Splitter in ihrer Gesamtheit an.

Auf den ersten Blick sah der größere Knochen aus wie ein Stück vom hinteren Backenknochen, etwa daumennagelgroß, an der Oberfläche glatt, die Unterseite jedoch aus porösem Knochenmaterial. Als ich jedoch die anderen Knochensplitter betrachtete, fiel mir einer ganz besonders auf. Ein etwa zwei Zentimeter langer Splitter, der an der Innenseite halbrund geformt war, das konnte nur von einem Röhrenknochen stammen. Demzufolge konnte der andere, den ich zuvor als Teil eines Unterkiefers angesehen hatte, nur von der Pfanne eines Gelenkes stammen. Für mich war somit klar, dass das Schwein keinen Keulenschuss haben konnte, die Knochensplitter bestätigten meine Zweifel vom Vortag.

„Für mich sieht das aus wie ein Hinterlaufschuss!“, teilte ich den beiden Jägern, die mich die ganze Zeit still und erwartungsvoll angestarrt hatten, voller Überzeugung mit.

„Bist du sicher?“, fragte mich Heiner.

„Sicher bin ich mir nur, dass es kein Keulenschuss ist, bei einem Keulenschuss wäre die Sau keinen Kilometer mehr gelaufen, aber nach deinen Schilderungen von gestern hat sie den Hinterlauf geschont, deshalb liegt die Vermutung nahe!“

Ich sah keinen Sinn darin, am Anschuss zu beginnen, sondern überzeugte die beiden Jagdherren, dorthin zu fahren, wo der Nachbar auf das Schwein geschossen hatte.

Heiner verständigte seinen Reviernachbarn und sagte ihm, wo wir uns dort treffen würden.

Immer noch regnete es, kalter Wind fegte uns ins Gesicht, als wir nach einer gefühlten Ewigkeit am Sammelplatz eintrafen. Hier wartete schon Heiners Nachbar, und nach kurzer Begrüßung zeigte er uns die Stelle, von wo aus er den Schuss angetragen hatte. Er war auf einer Anhöhe gestanden und hatte einen guten Überblick auf die vor ihm liegenden Felder gehabt. 180 Meter unterhalb kam ihm am Vortag die Sau, unmittelbar nach seinem Schuss wechselte sie in ein angrenzendes Kieferngehölz, das nicht größer war als ein Fußballfeld. Gleich dahinter verlief eine Ortsverbindungsstraße. Ich entschloss mich, entlang dieser Straße einen Übergang zu finden.

Als ich mich mit meinem Orgo auf dieser Anhöhe zur Nachsuche fertig machte, hatte der Regen fast aufgehört. Obwohl es Plusgrade hatte, fühlte es sich wegen des starken Ostwinds an wie eine Temperatur im Minusbereich. Wie immer nahm ich noch kurz meinen treuen Gefährten in den Arm. Ich weiß nicht, ob dieses Ritual meinem Hund hilft, mir hilft es auf jeden Fall sehr, und jeder, der schon einen Hund verloren hat, wird meine Gedanken verstehen.

Mit nunmehr drei Revierinhabern als Anhang gingen mein Orgo und ich nach dieser Ortsverbindungsstraße den Hang abwärts, rechts von uns der beschriebene Fichtenbestand, links von uns eine Dickung.

Hier oben war die Schneedecke noch relativ geschlossen. Auf halber Höhe sahen wir einen stark befahrenen Sauwechsel, und wie ich vermutet hatte, fanden wir durch das Tauwetter und den Regen blassen, aber dennoch gut erkennbaren Schweiß. Hier waren wir am Anfang der Fährte. Nachdem ich vom Revierinhaber eine kurze Einweisung in die vor uns liegende Dickung bekommen hatte, konnte ich mir in diesem Augenblick noch nicht vorstellen, was auf mich und meinen Orgo in den nächsten drei Stunden zukommen würde.

„Also, die Dickung hat schon 20 Jahre lang keine Motorsäge mehr gesehen, der Hügel zieht sich bestimmt zwei Kilometer weiter bis zum nächsten Forstweg!“

Inmitten dieser Dickung verlief die Grenze zu Richards Revier. Er schlug vor, dass sich alle drei Revierinhaber an diesem Forstweg als Vorstellschützen postieren sollten, um die Sau dort abzufangen, falls sie flüchten sollte. Für mich war das ein super Vorschlag, wollte ich doch nicht unbedingt, dass mich diese Herren begleiteten.

Ein Tipp für alle, die noch nicht die Erfahrung gemacht haben: Nehmen Sie die Telefonnummer des Schützen oder des/der Begleiter, aber wenn es irgendwie geht, nehmen Sie niemanden mit in eine Dickung. Nur Sie und Ihr Hund, das reicht vollkommen.

Meine Begleiter zogen ab, und so hatten Orgo und ich Zeit für uns. Bis sich die Herren vorgestellt hatten, vergingen bestimmt 15 Minuten. Wir standen am Straßenrand, direkt am Einwechsel, natürlich hatte mein Hund die Fährte längst bewittert, die Individualwitterung dieser Sau in sich aufgesogen. Immer wieder warf er seinen fragenden Blick zu mir, als wollte er mir sagen: „Also los, ich bin so weit!“

Dadurch, dass dieser Wechsel stark angenommen war, waren unterschiedlich große und kleine Fährten zu erkennen. Ein Trittsiegel stach besonders heraus, es war mit Abstand das größte. Wenn ich meine Finger nicht spreizte, konnte ich fast meine Hand in das Trittsiegel legen, ich schätzte die Sau auf mindestens 60 Kilogramm.

Es waren zwar erst fünf Minuten vergangen, seit uns die Jagdherren verlassen hatten, aber ich und mein Hund wollten los, dieses Herumstehen machte mich verrückt. Um 09:25 Uhr legte ich meinen Orgo zur Fährte. „Also los, mein Dicker, such verwund!“

Lichter Birkenbestand und vereinzelt Fichtenverjüngung erwartete uns auf den ersten 100 Metern. Nach ungefähr 20 Metern hatte die Sau den Wechsel bereits verlassen, sodass ich im Schnee ihre Fährte gut verfolgen konnte. Weiterhin fand ich blassen, wässrigen Schweiß von gestern. Nach 100 Metern, unmittelbar vor einer Fichtenverjüngung, hatte die Sau den ersten 90-Grad-Haken nach rechts hangabwärts geschlagen. Hier ging der Birkenbestand in Fichten-Brombeer-Dickung

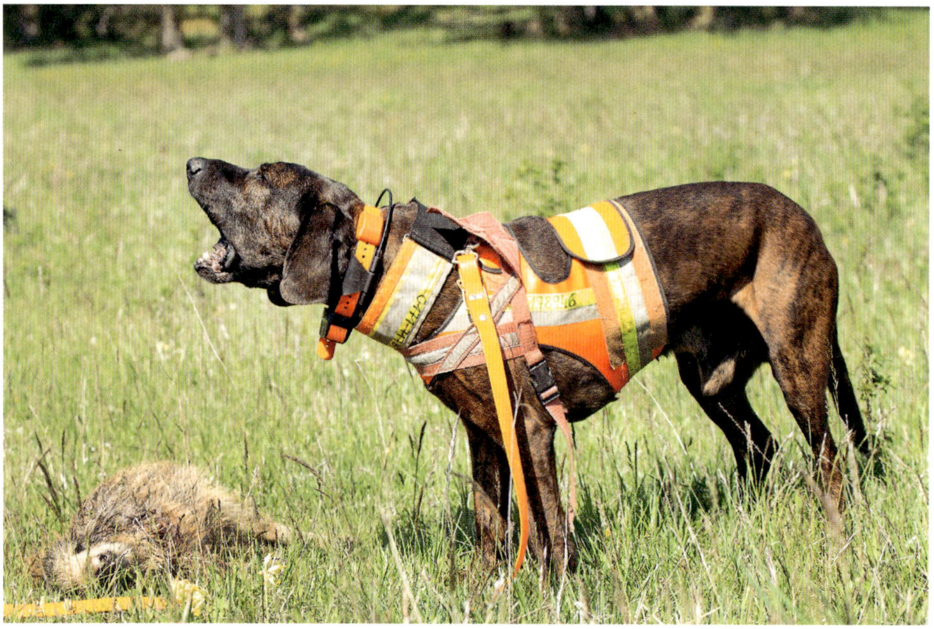

Orgo bei der Arbeit

über, so dick, dass der Boden schneefrei war. Mein Orgo war voll konzentriert und lag ungewöhnlich stark im Riemen, durch den rutschigen Lehmboden und auch noch bergab landete ich sofort auf dem Hosenboden und rutschte drei Meter an meinem Hund vorbei in die Brombeerranken.

„Das hatten wir auch noch nicht, mein Dicker, komm, weiter verwund!“, sagte ich zu meinem total verblüfften Hund. Die Dickung wurde immer undurchdringlicher, mittlerweile hatte der Regen wieder eingesetzt.

Aufrecht vorwärts zu kommen war unmöglich, daumendicke Brombeerstauden rankten sich an den jungen Fichten empor. Ich gab meinem Hund mehr Leine und kroch auf allen vieren, den Schweißriemen fest in der Hand, meinem Hund hinterher. Plötzlich wurde der Riemen schlaff, ich kroch nach vorne, mein Orgo bögelte.

„Oh nein, bitte kein Haken hier drinnen!“, schoss es mir durch den Kopf. Aber es war so, ich setzte mich auf und wartete, die einzige Unterstützung, die ich ihm geben konnte, waren meine Anwesenheit und meine Stimme, den Knoten musste er alleine entschlüsseln. Minuten vergingen, immer wieder musste ich den Schweißriemen entwirren, weil mein Hund immer engere Kreise zog. Dann blieb er stehen und verwies. „Brav, mein Hund, lass sehen, was hast du da gefunden?“

Wieder robbte ich zu meinem Hund, aber ich sah nichts, was aber für mich als unterentwickelten Menschen nichts zu sagen hatte. Mein Hund zog wieder im 90-Grad-Haken weg, diesmal wieder den Hang hinauf. Nach weiteren 200 Metern im Kriechgang konnte ich endlich wieder aufrecht stehen. Vor uns wieder Birkenjungholz, und im Schnee die Trittsiegel mit Schweiß.

Ich spürte das Gefühl in mir hochkommen, dieses „Zusammenwachsen“ mit meinem Hund. Verbunden durch den Schweißriemen, der wie eine Antenne wirkte, fühlte ich seine Kraft, seinen Willen, ich spürte seine Unsicherheit, wenn wie jetzt der nächste Haken kam. Und ich wusste, mein Orgo spürt das Gleiche von mir, jetzt waren wir Gefährten.

Wieder war vor uns die Fährte zu Ende, wieder ein Haken, ich ging nach vorne zu meinem Hund und fand keine Trittsiegel mehr, als wäre die Sau davongeflogen. Orgo bögelte wieder, ich ging zehn Meter zurück und sah Trittsiegel im Schnee, die sowohl nach vorne wie auch nach hinten gingen, so eng nebeneinander, dass sie fast ineinander lagen. „Ein Wiedergang!“, schoss es mir in den Kopf. In diesem Augenblick war mir klar, dass wir eine Bache suchten. So viele Haken hintereinander und dann noch Wiedergänge, das machen nur erfahrene Bachen. Das änderte alles, wir hatten es mit einer älteren Bache zu tun, in dieser Jahreszeit ist sie noch dazu hoch beschlagen, kurz vor dem Frischen! Während ich noch so im Regen stand, kam mein Hund auf der Fährte zurück, er hatte den Knoten entwirrt. Ich hielt ihn an, weil ich eine Pause brauchte, zum anderen musste ich mit meinem Orgo sprechen. Ich kniete mich wieder zu ihm und hielt ihn fest in meinem Arm. Zuerst widerspenstig, weil er weiter wollte, dann immer williger und vertrauter schmiegte er sich an mich.

„Da haben wir uns auf was eingelassen, mein Dicker, du weißt es bestimmt schon. Das wird heute richtig heftig, wenn wir auf die Sau kommen, die wird uns alles abverlangen!"

Also wieder den Hang hinunter, nach etwa 50 Metern hatte die Sau ihren Wiedergang verlassen und war nach rechts abgebogen. Etwa 100 Meter vor uns war ein Fichtenbestand ohne Brombeerranken, aber hier unter den Fichten lag kein Schnee mehr. Hinter einem Wurzelteller blieb mein Hund stehen und verwies erneut. „Halt, lass sehen, mein Hund!" Dieses Loch, das der Wurzelteller ausgehoben hatte, war zur Hälfte mit Wasser gefüllt, ich konnte klar erkennen, dass hier eine Sau gelegen hatte. Aber so sehr ich auch danach suchte – kein Schweiß.

Ich kniete vor diesem Lager und hatte meinen Handschuh ausgezogen, um zu fühlen, ob es noch warm war, als ich plötzlich aus den Augenwinkeln einen Schatten sah, gleichzeitig ein Rascheln. Ich sprang auf und ganz automatisch hatte ich auch schon mein Abfangmesser in der Hand.

„Ich wollte nur mal nach dem Rechten sehen!" Mit diesen Worten stand ein hochgewachsener Mann um die dreißig vor mir, gekleidet in Jägergrün, die Büchse geschultert.

Mir war fast das Herz stehengeblieben, anders kann ich diesen Moment nicht in Worte fassen. Als ich nach Sekunden die Situation begriffen hatte, lief mir ein eiskalter Schauer über den ganzen Körper, ich war vollgepumpt mit Adrenalin.

Völlig perplex fragte ich diesen Herrn etwas lauter, als ich nebenbei mein Messer wegsteckte: „Wer zum Teufel sind Sie denn? Und was machen Sie hier in der Dickung?"

In einem sehr unfreundlichen Ton erklärte er mir, dass er hier der Revierpächter sei und schauen wollte, was hier läuft. Da es ja sein Revier sei, könne er hier rumlaufen, wie er wolle, und überhaupt sehe es sowieso so aus, als ob die Sau nicht zu kriegen sei.

Ich hatte einen hochroten Kopf, nicht von dieser Dreistigkeit, sondern noch von dem Schrecken, ich stand da, mir fehlten die Worte.

Als ich mich wieder einigermaßen gefangen hatte, erklärte ich diesem Herrn: „Erstens habe ich unten am Forstweg schon einen Revierinhaber von diesem Revier stehen, Sie kenne ich nicht, wenn Sie Mitpächter sind, müssen Sie aber wissen, dass ich in einer Nachsuchensituation die Jagdleitung habe. Ich entscheide, wer an dieser Nachsuche teilnimmt und wer nicht. Und Sie nehmen hier nicht teil! Ich möchte, dass Sie augenblicklich Ihre Büchse entladen und diese Jagd verlassen, und zwar in der Richtung, von wo ich hergekommen bin! Haben Sie überhaupt eine Ahnung, wie gefährlich das ist, was Sie hier machen?"

Er nahm sein Handy und telefonierte, ich weiß nicht mit wem, jedoch bekam ich Bruchteile seines Telefonates mit. „Der kommt hier mit seinem Hund nicht weiter, es ist doch besser, wenn wir aufhören!"

Ich bin wirklich ein sehr ausgeglichener und höflicher Mensch, aber jetzt hatte ich die Schnauze voll. Immer noch relativ freundlich, aber sehr bestimmt sagte ich:

„Ich alleine entscheide, wann hier die Jagd zu Ende ist. Wenn Sie nicht sofort den Weg nehmen, den ich Ihnen eben gezeigt habe, werde ich den Vorfall bei der Unteren Jagdbehörde melden!"

Endlich ging er, wie ich es ihm gesagt hatte, auf meiner Fährte, weil dieser Weg sicher war, ich hatte keine Lust darauf, einen schwer verletzten „Zweit-Jagdherrn", der von der verwundeten Sau angenommen worden war, aus der Dickung zu tragen.

Ein kurzer Blick zu meinem Hund, der mich gespannt anschaute, wieder kniete ich mich zu dem Wurzelstock, um nach Pirschzeichen zu suchen. Obwohl ich hier keinen Schweiß und keinen Anhaltspunkt fand, dass unsere Sau in diesem kalten Lager gewesen wäre, sprach ich so ganz nebenbei meinen Orgo an, der neben mir saß: „Keine Sorge, mein Dicker, wir hören hier nicht auf, du findest die Sau, du bist mein Hirschmann! Such weiter verwund!"

Mein Hund zog über den Wurzelstock hinein in diesen Fichtenbestand. Langsam, sehr langsam – ich konnte seine Konzentration sehen und spüren – arbeitete er sich Meter für Meter weiter. Ich ließ den Schweißriemen fallen, um ihn nicht versehentlich durch einen Ruck zu stören.

Wir waren wieder auf der Fährte, auch wenn es langsam, fast wie in Zeitlupe vorwärts ging, spürte ich Orgos Sicherheit, er war fokussiert auf diese eine Witterung. Je weiter wir uns vorarbeiteten, umso sicherer wurde er. Ich war konzentriert auf meinen Hund, ich spürte keine Kälte und keinen Regen, doch jede Bewegung meines Hundes konnte ich deuten.

In diesen Momenten gibt es keine Gedanken außer an die Nachsuche. Mein Hund und ich sind eins, der Trieb nach dieser einen Beute hat uns zusammengeschweißt. Wir sind keine Fremdkörper mehr in dieser Dickung, wir sind Gefährten, zwei hungrige Wölfe, die eine Wundwitterung aufgenommen haben, nichts würde meinen Hund und mich jetzt noch von dieser Fährte bringen.

Vor uns wurde es lichter, hier war wieder Schnee, auch eine starke Saufährte war zu sehen, aber kein Schweiß mehr. Egal, ich wusste, dass mein Hund seine Fährte nicht verloren hatte.

Vor uns öffnete sich die Dickung und ging in Kiefernaltholz über, als mein Hund erneut zu bögeln begann.

Das klingt jetzt vielleicht komisch, aber aufgrund meiner Erfahrung kann ich mich oft in das verwundete Stück hineindenken. Deshalb „kannte“ ich auch diese Sau. Im Verlauf dieser Fährte hatte ich mich in ihre Gedanken und ihren Laufweg hineinversetzen können. Sie würde diesen „sicheren Einstand“ nie verlassen, um noch einmal durch einen Hochwald zu wechseln. Ich war mir sicher, dass sie uns bereits hörte oder Witterung von uns hatte, hier in diesem großen Einstand würden wir sie finden.

Und siehe da: Wie erwartet waren wir am nächsten Wiedergang, wieder hatte ich Glück, dass ich die Rückfährte im Schnee sehen konnte, zwar ohne Schweiß, aber den brauchten wir jetzt nicht mehr. „Such zurück, mein Hund!“

Wieder hinein in den Fichtenbestand, nach 50 Metern zog mein Hund nach links, auf halber Höhe am Hang ging es hinein in ein Meer von Fichten-Brombeer-Anflug. Wieder konnte ich nur kriechend weiterkommen. Ein Haken nach rechts, steil den Hang hinab, an dessen Sohle ein durch das Tauwetter ziemlich angewachsener Bach verlief. Ich rutschte auf dem Hintern die 20 Meter hinunter und kam in diesem Bach zum Stehen. Bis zu den Knien stand ich im Wasser, mein Hund war schon am anderen Ufer. Etwa 20 Meter rechts von mir erkannte ich, dass dort eine Sau durch den Bach gewatet war. Frische Trittsiegel, das konnte nur bedeuten, dass wir die Sau oben irgendwo im Hang aufgemacht und das Wundbett übersehen hatten. Ich sah zu meinem Orgo und wusste sofort Bescheid. Er stand regungslos wie eine Statue, blickte starr den Hang hinauf, sein Kamm stellte sich wie vor einem Zweikampf auf und er zitterte am ganzen Körper. Wir beide waren am Ende der Fährte angekommen. Ohne zu zögern hangelte ich mich den Schweißriemen entlang, öffnete das Brustgeschirr und gab meinem Hund einen Klaps auf den Hintern. Mit einem scharfen „Fass, gib Laut!“ schnallte ich meinen Hund auf die flüchtende Sau.

Wie ein Bulle, der in die Arena gelassen wird, sprang mein Hund den Hang hinauf, ich hörte sofort Fährtenlaut, der oben am Kamm fast verstummte. Ich musste so schnell wie möglich hinterher, damit ich die Hatz mit den Ohren verfolgen konnte. Auf allen vieren kroch ich den Hang mit seinem rutschigen, lehmigen Boden hinauf, ich griff nach allem, was mich halten konnte.

Oben angekommen, hörte ich nichts mehr! Hatte ich mich geirrt, war es doch nicht unsere Sau, wo war mein Hund? Ich zerrte mein GPS-Gerät aus der Brusttasche, auf dem Display stand: „350 Meter, Orgo stellt Beute“. Ich warf mir sein Brustgeschirr über die Schulter und zog den Schweißriemen hinter mir her. Im Laufschritt, den Richtungspfeil auf dem Display immer im Blick, rannte ich durch diesen Verhau von Birken-Buchen-Fichten-Brombeerranken. Noch immer war kein Laut zu hören, ich blieb stehen, um zu horchen, sah wieder auf das Display, der Pfeil zeigte immer geradeaus. Jetzt endlich war zumindest bruchstückhaft der Laut meines Hundes zu hören, wieder rannte ich los. Noch im Laufen versuchte ich das GPS-Gerät wieder in die Brusttasche wegzupacken. Plötzlich bekam ich einen Schlag auf die Stirn, dass es mich von den Füßen holte, benommen lag ich auf der Erde. Sekundenlang wusste ich nicht mehr, wo ich war. Dann hörte ich Hundegeläut, mein Orgo! Ich blickte mich um, sah mein GPS-Gerät und meine Mütze auf der Erde liegen, sah nach oben und erkannte, dass ich gegen den armdicken Ast einer Buche gelaufen war, der waagrecht vom Baum wegstand. Vor lauter Hektik und kurzer Unaufmerksamkeit, während ich das GPS einpacken wollte, hatte ich den Ast total übersehen. Noch immer leicht benommen stand ich auf und überprüfte – wie drillmäßig einstudiert – meine Ausrüstung: Handy, GPS, Messer, Waffe. Ich wischte mir mit dem Unterarm über die Stirn, weil es mir warm über die Schläfe lief. Mein Handschuh und der Ärmel der Nachsuchenjacke waren voller Blut, durch meinen Zusammenstoß mit dem Ast hatte ich mir eine Platzwunde zugezogen.

„Komm runter, Helmut, werde ruhig, atme!“, redete ich mir selbst zu und ging durch den Kiefernhochwald auf den immer lauter werdenden Ruf meines Gefährten zu, zwei Rehe sprangen unmittelbar vor mir nach rechts weg. Unten in einer Senke hörte ich Orgos tiefen Bass. Noch im Kiefernaltholz sah ich weiter unten eine relativ kleine Dickung, etwa 100 x 100 Meter, aus der mein Hund nach mir rief: „Komm, komm zu mir, hier bin ich, komm!“

Ich nahm das Brustgeschirr von meiner Schulter, um meine auf dem Rücken umgehängte Büchse nach vorne zu holen, anschließend hängte ich mir das Brustgeschirr mit dem Schweißriemen wieder über, um beides nicht zu verlieren. Langsam ging ich auf diese Dickung zu, überprüfte die Mündung meiner Büchse, repetierte eine Patrone ins Patronenlager, wischte mir wieder über die Stirn, weil mir Blut in die Augen lief. Direkt vor der Dickung sah ich, dass sie eingezäunt war, und ich sah frischen Schweiß, durch die Hetze hatte sich die Wunde der Sau wieder geöffnet.

Ich hörte Orgos ununterbrochenen giftigen Laut und das Grunzen der Sau, ich stieg über den Zaun und pirschte mich dem Laut meines Hundes entgegen. Keine Sicht, nur Fichtenverjüngung und Brombeerranken. Ich war bis auf zehn Meter an der Bail, hörte nur den Laut meines Hundes und immer wieder die grunzenden Angriffe der Sau auf ihn. Ich kniete mich hin, um etwas zu sehen – nur Schatten und Läufe, ab und zu konnte ich schemenhaft die Warnweste von Orgo erkennen, die aber im nächsten Augenblick wieder verschwunden war. Meine Waffe bereit in Vorhalte, die Flügelsicherung ganz nach links, entsichert, den Finger lang am Abzug, so kniete ich etwa zehn Meter von Hund und Sau entfernt. Hier konnte ich unmöglich schießen, etwas musste geschehen, die Sau musste hier irgendwie raus, aber mein Hund schaffte das nicht alleine.

Ich schrie meinem Hund so laut ich konnte zu: „Pack die Sau, Orgo! Pack sie! Heia, Heia!“

Diese „Notlösung“ in dieser Situation, die ich hier beschreibe, ist einfach gesagt nur dumm und soll auf keinen Fall als Lehrbeispiel dienen! Ich will trotzdem erklären, warum ich in diesem Moment so gehandelt habe: Es gab nur zwei Möglichkeiten, entweder die Sau würde ausbrechen oder mich annehmen! Je länger es jedoch dauert, ein freies Schussfeld zu haben, desto leichtsinniger wird man mit der Waffe in der Hand, und je länger man wartet, umso größer ist die Gefahr, dass der Hund geschlagen wird. Nachdem mein Hund die Sau nur stellte, was in diesem Augenblick auch das Richtige war, konnte ich sie auch nicht anspringen und abfangen, also musste eine Entscheidung her.

Angesporнt von meiner Anwesenheit und meinem Befehl packte mein Hund zu, mit einem Handgriff sicherte ich meine Waffe, legte sie ab und zog mein Messer. Ich hörte lautes Grunzen und brechende Äste, sprang nach vorne und sah meinen Hund, der die Sau an der Keule hatte. Im selben Augenblick brach die Sau aus. Lauter Hetzlaut, der sich schnell entfernte, ich steckte mein Messer in die Scheide und sprang zurück, um meine Waffe zu holen. In diesem Moment hörte ich lautes Schreien, und sofort darauf brach ein Schuss.

Mit meiner Waffe in der Hand rannte ich los, ließ mich wieder in den Zaun fallen, damit dieser nachgab, rannte durch den Hochwald in die Richtung, von wo ich den Schuss gehört hatte. Etwa 50 Meter vor mir sah ich einen Mann stehen. Als ich näher kam, sah ich, dass es Richard war. Kreidebleich stand er da und schrie schon von weitem: „Die wollte mich beißen!“

Als ich bei ihm war, sah ich diesen alten Mann sichtlich gezeichnet und fragte ihn, ob er geschossen habe. „Ja, das war ich. Als die Sau aus der Einzäunung kam, hat sie mich gesehen und lief sofort mit aufgerissenem Gebrech auf mich zu, die wollte mich wirklich beißen. Ich habe geschrien, aber das störte sie gar nicht, als sie kurz vor mir war, habe ich in den Boden geschossen, dein Hund hat sie an der Keule gepackt, da hat sie von mir abgelassen! Ach übrigens, die hat einen Vorderlaufschuss!“

Ich warf den Schweißriemen auf den Boden und sagte zu Richard, dass er hier stehenbleiben soll, bis er meinen Schuss hört.

Etwa 200 Meter vor uns ertönte Orgos Standlaut, wieder pirschte ich mich an, die Sicherung meiner Waffe auf Mittelstellung, direkt vor uns in einem kleinen Fichtenanflug stand die Bail. Ich sah meinen Hund immer wieder in diesem Fichtenverhau verschwinden, um sofort wieder zurückzuweichen. Ich war im Anschlag, Kimme, Korn, kein Ziel, immer wieder mein Hund. „Ich muss das mit dem Messer machen!“ Mit diesem Gedanken nahm ich meine Büchse herunter, sicherte sie und sah im selben Moment die Sau auf mich zukommen.

Wie vorhin Richard nahm sie mich mit weit aufgerissenem Gebrech an, um mich zu beißen.

Die Waffe noch in der Hand, rannte ich auf sie zu und schlug ihr mit der Schaftkappe immer wieder ins Gebrech, auf die Lichter und wieder ins Gebrech.

Ich sah ihren weghängenden Vorderlauf, spürte ihre Entschlossenheit, sich bis zum Tod zu verteidigen, mein Hund saß auf ihr und biss sich im Rücken fest. In diesem Moment hatte ich keine Möglichkeit, mein Messer zu greifen oder gar zu schießen, nur durch mein ständiges Zuschlagen konnte ich sie von mir fernhalten. Dann drehte sie um, auf ihr mein Hund, und verschwand wieder in diesem Fichtenanflug. Noch einmal das gleiche Spiel: Mein Orgo griff an, um sofort wieder aus dem Fichtenanflug zu kommen. Ich war auf alles gefasst, mit der Waffe im Anschlag wartete ich auf einen erneuten Angriff auf mich oder meinen Hund. Da war er, mein Hund brach aus der Fichte, die Sau hinterher. Kimme, Korn, breites Ziel, Hochblatt, Schuss!!!

Noch im Angriff brach die Sau zusammen, mein Hund war sofort wieder auf ihr.

Beutelnd, bellend und knurrend nahm mein Orgo unsere Beute in Besitz, die mit letztem Schlegeln ihr Leben ließ. Das Schwein hatte einen Vorderlaufschuss links, das Kniegelenk war zerschmettert, sodass der Lauf nur noch an der Schwarte hing.

Total erschöpft, dreckig und nass bis auf die Unterhose kniete ich mich zu meinem Hund und der Sau, strich ihr übers Haupt, über die Lichter, nahm meinen Hund, der immer noch an ihr zerrte und legte ihn ab. „Lass sie in Ruhe sterben, mein Dicker! „Komm her zu mir, mein Großer, du bist mein Bester!“

Nach einer Weile wunderte ich mich, warum Richard noch nicht da war. „HUUB“, rief ich laut durch den Wald.

„Ich bin hier unten am Weg!“, hörte ich ihn rufen.

„Sau tot, komm rauf zu mir!“

„Zu dir komm ich nicht mehr rein!“, rief er wieder hoch.

„Los, komm, die Sau ist tot, die tut keinem mehr was!“ Ich konnte den Schrecken noch immer in seinen Augen sehen, als er endlich bei uns war. „Na, Richard, das war doch mal ein tolles Erlebnis!“, sagte ich lachend zu ihm.

„Die hat mich wirklich beißen wollen, ich fass es nicht!“, erwiderte er.

Jede Nachsuche ist anders, diese hier war schon außergewöhnlich. Nicht von der Länge der Suche her, sondern wegen der vielen Haken und Wiedergänge, wegen der Tatsache, dass wir auf das gefährlichste Wild, das es in Deutschland gibt, gesucht haben. Eine hochbeschlagene alte Muttersau ist um ein Vielfaches gefährlicher als jeder Keiler. So eine Sau ist problemlos in der Lage, jemandem mit einem Biss den Unterschenkel zu brechen, und bei einem Biss wird es nicht bleiben, sie wird nicht aufgeben.

Alles ist gut gegangen, keiner wurde verletzt, das war für mich das Wichtigste. Ich rief Heiner an, der inzwischen zurück in seinen Betrieb gefahren war; als Wirt eines Speiselokals muss man eben sonntags arbeiten. Ich erzählte ihm, dass wir die Sau hatten. „Heiner, ich bin hier mit dem Richard ganz alleine, die anderen haben uns verlassen, ich brauche deine Hilfe!"

Knochensplitter vom Anschuss

Im Schnee ist der Schweiß gut sichtbar

Nachsuche erfolgreich beendet

Nachdem in der Gaststube nicht allzu viel los war und seine Tochter alleine zurechtkommen würde, wollte er uns helfen. Richard erklärte ihm kurz, wo wir waren.

Richard und ich zogen die Sau gemeinsam über Wurzeln und Brombeerranken hinunter zum Forstweg. Als ich mit dem ersten Schnitt das Schloss öffnete, quoll mir schon die Gebärmutter entgegen. Wie ich vermutet hatte, war sie hochträchtig, die acht Föten waren voll entwickelt, in höchstens zwei Wochen hätte sie gefrischt. Zwar hätte die Sau diese Verletzung nach meiner Einschätzung in dieser Jahreszeit wohl ausheilen können, aber ob sie die Kraft gehabt hätte, mit dieser Wunde noch acht Frischlinge großzuziehen, war eher fraglich. So war ich mehr als froh, nicht nur, dass ich dieses verwundete Tier erlöst habe, vielmehr waren es ihre Frischlinge, die ich vor einem sicheren Hungertod gerettet habe.

So standen wir an dem Forstweg und warteten auf Heiner, von seiner Wirtschaft hierher brauchte er bestimmt eine halbe Stunde. Ich hatte kein einziges trockenes Kleidungsstück mehr am Leib. Bisher hatte mich die Droge Adrenalin geschützt, denn obwohl ich schon seit Stunden nass war, hatte ich nichts davon gemerkt. Jetzt aber kroch die Kälte in mir hoch, ich hatte hämmernde Kopfschmerzen durch den Schlag auf meine Stirn, ich wollte einfach nur heim.

Bis Heiner endlich eintraf, schüttelte es mich bereits vor Kälte. Gemeinsam hievten wir die Sau auf die Ladefläche seines Transporters. „Jetzt kommst du aber noch mit zu mir, meine Tochter hat was Leckeres für uns gekocht!“, sagte er, ohne mich näher anzuschauen, denn hätte er das gemacht, hätte er gesehen, dass ich am ganzen Leib zitterte.

„Nein, Heiner, tut mir leid, ich muss nach Hause, ganz dringend, ich bin klatschenass, ich komm nächste Woche mit meiner Frau zum Essen!“

Zu viert (mit meinem Orgo) saßen wir in seinem Transporter. Als er mich zu meinem Auto fuhr, war mir unbeschreiblich kalt, der kalte Ostwind wehte wie verrückt auf dieser Anhöhe.

Ich brauchte einige Zeit, um meine Ausrüstung und meinen Hund im Auto zu verstauen.

Endlich auf dem Heimweg, brachte auch die Heizung keine Linderung, in der ersten Ortschaft hielt ich auf einem Busparkplatz an, um mir meine nassen Klamotten auszuziehen. Das einzige trockene Kleidungsstück, das ich noch im Auto hatte, war meine Vliesjacke, die ich vor der Suche ausgezogen hatte. Nackt bis auf die Unterhose stand ich an dieser Bushaltestelle und zog mir schnell die trockene Jacke an. Die fast 35 Kilometer Landstraße nach Hause zogen sich endlos hin, mein Orgo, natürlich neben mir auf dem Beifahrersitz, rollte sich gemütlich ein und schlief, mich schüttelte es ununterbrochen. Normalerweise lasse ich mir auf dem Heimweg die Suche immer noch durch den Kopf gehen, diesmal jedoch hatte ich damit zu tun, mich auf die Straße zu konzentrieren.

Zu Hause angekommen, nahm ich meine nassen Klamotten und ging mit Orgo über die Außentreppe in den Keller. Bekleidet mit einer Unterhose und einer Vliesjacke, die restlichen Klamotten im Arm, stand ich vor meiner Frau.

„Oh Gott, wie siehst du denn aus, deine Lippen sind ja ganz blau, was ist passiert?“, fragte sie mich und fuhr gleich fort: „Los, schnell nach oben und in die Wanne, sofort!“

Sie lief nach oben, und im nächsten Moment konnte ich schon das Wasser in der Wanne plätschern hören. Ich ließ die Sachen fallen und ging ins Badezimmer. „Los, rein da, du verrückter Kerl, du holst dir ja den Tod!“

Noch nie war ein Schaumbad für mich so wohltuend gewesen! Obwohl sich das Wasser sichtlich dreckig färbte und überall um mich herum vertrocknete Fichtennadeln schwammen, war es das schönste Bad, das ich je genommen hatte. Meine Frau brachte mir eine Tasse Tee, und jetzt erst konnte ich so richtig nachdenken und begreifen, was wir beide, mein Orgo und ich, geleistet hatten. Erst jetzt wurde mir so richtig bewusst, in welcher Gefahr wir heute schwebten. Aber es war jede Anstrengung wert.

Wenn auch viele unter Tierschutz etwas anderes verstehen und ich diesen Tieren das Leben nehme, nehme ich ihnen auch ihr Leid und bewahre sie vor einem viel schlimmeren Tod.

Es ist nie meine Absicht, eine Suche und das Leid eines Tieres hinauszuzögern. Wenn es irgendwie geht, versuche ich sogar, dass diese Kreatur nicht mich, sondern nur meinen Hund mitbekommt, manchmal aber will es das Schicksal anders. Ich habe vor jedem dieser Geschöpfe höchsten Respekt und versuche, jedes verwundete Tier in Würde sterben zu lassen. Ich glaube fest daran, dass das, was mein Orgo und ich tun, richtig und gut ist, auch das ist Tierschutz.

Von Stolz und Überheblichkeit

Es war der 4. Januar 2019, der letzte Jagdtag auf dem Truppenübungsplatz Hohenfels. Normalerweise fand hier im Januar keine Jagd mehr statt, zwar war immer eine angesetzt, aber in den letzten Jahren war der Rotwildabschuss schon immer im Dezember erfüllt gewesen, dieses Jahr war es aber anders.

Obwohl die Drückjagdsaison im Oktober vielversprechend begonnen hatte, wurde die Strecke von Jagd zu Jagd immer schlechter. Einerseits lag es an den vielen militärischen Übungen in diesem Jahr, andererseits wohl auch an der intensiven Bejagung der letzten Jahre. Immerhin sah der Abschussplan der letzten 15 Jahre zwischen 800 und 900 Stück Rotwild vor, 2018 sogar 1000 Stück. Wenn man sich diese ungeheure Zahl einmal vorstellt! Auf einer Fläche von etwas über 16.000 Hektar ist das schon enorm. Aber egal, die Jagdbehörde in Zusammenarbeit mit den Bundesforsten weiß sicherlich, was sie da tut.

Wie immer war ich der Erste, der am Sammelplatz ankam. Das liegt wohl daran, dass ich nie zu spät kommen will oder weil ich gerne früh aufstehe. Zweiteres eher nicht.

Mein Ritual vor einer Drückjagd ist immer gleich. Kurz nach fünf lasse ich meinen Hund vor die Tür, schalte die Kaffeemaschine ein, die ich am Abend vorher schon vorbereitet habe, gehe ins Badezimmer. Wenn ich mit all den für eine Nachsuche nötigen Ausrüstungsgegenständen wie Waffen, GPS-Koffer, Schweißriemen, Kleidung usw. die Außentreppe vom Kelleraufgang hochgehe, wartet mein Orgo schon auf mich, wie immer, eben weil er genau weiß, wohin es um diese Uhrzeit geht. Noch ein kurzer Abstecher zu unserem örtlichen Bäcker (ich glaube, das ist der einzige Bäcker, der morgens ab 05:00 Uhr auf hat) und dann – das Beste, was es gibt: Frühstück um 05:30 Uhr im Auto, mein Hund neben mir auf dem Beifahrersitz.

Es hatte die ganze Nacht geregnet, hoffentlich war das Wetter in der Oberpfalz besser und es gab etwas Schnee. Und tatsächlich: An diesem 4. Januar gab es in Hohenfels Bilderbuchwetter, wie man sich einen Jagdtag besser nicht vorstellen kann. Es war noch dunkel, alles tief verschneit, als wir von der einzigen geteerten Straße durch den Truppenübungsplatz auf den Schotterweg Richtung Sammelplatz abbogen. Kein Mensch war hier, nur ich und mein Hund. Bald schon durchfluteten Lichtkegel den dunklen Morgen, und die eingeteilten Forstarbeiter rückten an, um den Streckenplatz herzurichten: Feuerkörbe, „Jagdbüro" und der Karren wurden vorbereitet, damit Frau Messerklinger, die gute Seele bei jeder Jagd, ihren Kaffee und ihre Stollen anbieten konnte.

Winter am Truppenübungsplatz Hohenfels

Es ist jedes Jahr ein bisschen wie Abschied nehmen, alle Weidkameraden vor der großen Jagdpause noch einmal zu sehen, das nächste Mal würden wir uns alle erst wieder im Oktober sehen.

Wie gesagt, Organisation und Durchführung dieser Jagden auf dem Truppenübungsplatz Hohenfels sind höchst professionell, die Ansprachen vom Dienststellenleiter Dr. Perpeet und seinem Stellvertreter Herrn Kellner sind durchdacht, und jeder, der anschließend auf seinen Stand gebracht wird, weiß, wie er sich zu verhalten hat. Die Förster und Jagdhelfer sind Spezialisten der Rotwildjagd.

Ich war an diesem Tag bei Heiner Rippel eingeteilt, ein Förster der alten Garde, der wenig Worte braucht. Dennoch weiß man sofort, dass man bei ihm in guten Händen ist.

„Ich brauche heute einen zuverlässigen Schützen bei mir am Berg", sagte er zu mir, kurz bevor wir mit unserer Gruppe von neun Schützen den Platz Richtung Jagdgebiet verließen. Bei starkem Schneefall ging es in die „Himalayas", so wird der schönste und landschaftlich beeindruckendste Teil des Truppenübungsplatzes Hohenfels genannt. Es ist unbeschreiblich schön dort – wer die „Himalayas" in Hohenfels nicht gesehen hat, kann sich diese Schönheit der Natur nicht vorstellen: Diese einzigartige naturbelassene Landschaft, diese Täler und Berge, die kein Landwirt je betreten bzw. bearbeitet hat, überzuckert mit Neuschnee, kein Verkehrslärm, keine Ortschaft weit und breit.

So sah ich an diesem Morgen um 10:00 Uhr die weite Landschaft vor mir, als mir Heiner meinen Platz zugewiesen hatte. „Du bist hier mittendrin, von den Hängen gegenüber kommt oft das Rotwild über das Tal auf unseren Berg, wenn es ihnen da drüben zu bunt wird. Aber Vorsicht, der Berg hinter dir ist auch nicht ohne, der wird auch beunruhigt. Und lass mir ja die Alttiere in Ruh', die haben schon ‚Babys' im Bauch, diese Sauerei brauch ich im Januar nicht mehr!"

„Alles klar, Heiner, hol mich um 14:00 Uhr wieder ab, dann machen wir die Nachsuchen!"

Mit meinem Ansitzsack, meiner Waffe und meiner Kanne Tee stapfte ich durch das leichte Schneetreiben zu meinem Sitz, der etwas erhöht an einer Hangkante des Berges lag. Es vergingen bestimmt 15 Minuten, bis ich endlich den Stand bezogen hatte und in meinem Ansitzsack war. Und dann schaute ich in die grandiose Landschaft. Leider kann ich mit Worten nur unzulänglich festhalten, was ich dabei empfand: Der leichte Schneefall und der Westwind, der mir kalt und unablässig ins Gesicht wehte, schienen mir sagen zu wollen: „Du gehörst hier nicht her, geh weg!" Dennoch genoss ich den wundervollen Ausblick. Vor mir öffnete sich ein weites Tal, übersät mit Schlehenhecken, wie verschieden große Tupfer in dem weiß verschneiten Tal, links und rechts hoch aufragend zwei Berge, bewaldet mit Buchenaltholz, kahl und wie tote Pfähle ragten die Stämme in die Winterlandschaft.

Alleine dieser Anblick reichte mir, ich dachte wie so oft auf der Jagd: „Diesen Moment müsste man für einige Zeit festhalten können, diese einzigartige Natur, den Klang der Stille!"

Der permanente Westwind flaute ab, und der Schneefall nahm etwas zu, trotz des Schneefalls konnte ich das vor mir liegende Tal gut überblicken. Um 10:30 Uhr warf ich einen Blick auf die Uhr, jetzt wurden die Hunde geschnallt und die „Beunruhiger" machten sich auf den Weg. Schritte hinter mir im Berg? War das der Wind? Nein, ganz klar, Schritte von schwerem Wild, das hinter mir den Berg herunterkam und durch das gefrorene Laub der Buchen stapfte.

Längst hatte ich meinen R93 in der Hand und hatte mich umgedreht, doch durch die Schwarzdornhecke hinter mir konnte ich nichts erkennen. Immer noch steckte ich in meinem Ansitzsack und suchte bestmöglichen Halt, um schießen zu können. Die Spannung war zum Greifen nah.

Da, jetzt tauchte ein großer brauner Schatten direkt hinter der Dornenhecke auf, noch einer, da, ganz viele, bestimmt 15 Stück Rotwild! Sichernd, bevor sie auf die Freifläche austraten, standen sie fast lautlos keine 30 Meter hinter mir. Ich überlegte: „Wenn die jetzt links von mir kommen, haben sie erstens Wind von mir, und zweitens habe ich mich zum Schuss nach rechts gedreht, sodass ich nicht mehr umschwenken kann!"

Schon kam Bewegung ins Rudel! Sie kamen von rechts, Gott sei Dank! Mir war klar, jetzt musste alles schnell gehen, denn wenn sie den schützenden Wald verließen, würden sie „Gas geben". Also, schnelles Ansprechen und Schießen war gefragt.

Da, das erste Stück kam 30 Meter links von der Schlehenhecke hervor, kein Alttier, sondern ein starker Hirsch führte an, ungewöhnlich! Direkt dahinter drängten sich mehrere Stücke noch langsam ziehend aus der Hecke hervor.

Das nächste war ein Kalb, es stand frei, es verhoffte – und Schuss! Wie bei einem Bilderbuch-Kammerschuss stieg es vorne auf und schlug nach hinten aus.

Taumelnd drehte es sich – wie die anderen Stücke auch – augenblicklich um, um seinem Rudel zu folgen. Keine Sicht mehr auf irgendein Stück, nur noch hörbar flüchtendes Wild, das durch das verschneite Buchenlaub hinter mir den Berg hochzog.

Danach Stille! Eine Stille, die kein Weidmann mag, wenn das beschossene Stück nicht sichtbar vor ihm liegt. Ich war super drauf, der Schuss war gut, es stand doch breit, was sollte schon sein, das Kalb lag hundertprozentig hinter der Dornenhecke, versuchte ich mich in Gedanken zu beruhigen. Oder doch nicht, war ich etwas zu schnell, es stand doch breit, war es wirklich ein Kalb? Noch immer total verdreht in meinem Ansitzsack, meine Büchse in der Hand, schossen mir diese Überlegungen durch den Kopf. Nochmal horchen, war da nicht ein Geräusch, so wie Blätterrauschen? Stille, nur Stille, als wäre das eben nie passiert.

Ich zerrte an meinem Ansitzsack, um mein Handy aus der Jackentasche zu holen. Wie spät war es überhaupt schon? Konnte ich schon meinen Stand verlassen, denn um 12:00 Uhr war für 15 Minuten Aufbrechpause vorgesehen. So ein Mist, es war erst kurz vor 11:00 Uhr! Da half alles nichts, ich durfte noch nicht runter. Ich beruhigte mich mit dem positiven Gedanken, dass das Stück bestimmt liegen würde, denn es hatte schließlich ganz klar gezeichnet. Trotzdem beschloss ich aber, bis 12:00 Uhr die Jagd einzustellen, bis ich Gewissheit hatte.

Weiterhin fiel Schnee, mal weniger, mal mehr, die Zeit blieb gefühlt stehen, immer wieder blickte ich auf mein Handy. „Was, erst fünf Minuten sind vergangen?" Und schon hatte ich wieder schlechtes „Kopfkino" – meine Gedanken kreisten: „Ist mein Gewehr mal umgefallen? Habe ich die Optik irgendwo angeschlagen? Oder liegt es an der bleifreien Munition?"

Um 11:50 Uhr schlüpfte ich aus meinem Ansitzsack, nahm meine Büchse und pirschte in Richtung Anschuss. Kein Schweiß! Hier musste es doch gewesen sein! Da, endlich, es hatte draufgeschneit, da war viel Schweiß, hellroter Schweiß! Na also, meine Grüblereien hätte ich mir sparen können! Ich ging um die Hecke herum, meinen R93 schon geschultert, und suchte vor mir den Wald nach meiner Beute ab. Nichts! So ein Kalb müsste ich doch liegen sehen!? Nichts, so sehr ich das Buchenaltholz auch mit gespanntem Blick absuchte, nichts. Vielleicht lag es ja da oben auf der Hangkante, die ich nicht einsehen konnte?

Ich ging wieder zum Anschuss, um der Schweißfährte zu folgen, was gar nicht mal so leicht war, denn in dieser Stunde war viel Schnee auf die Fährte gerieselt, die immer weiter in den Wald hineinführte, noch immer glaubte und hoffte ich, dass das Stück bald unmittelbar vor mir liegen müsste. Nach bestimmt 100 Metern stand ich jedoch am frischen Wundbett!

Verdammt, so ein Mist! Unbeschreibliches ging in diesem Augenblick in mir vor. Das durfte doch nicht wahr sein, jetzt hatte ich als Nachsuchenführer selbst eine Nachsuche produziert! Die Erfahrung als Nachsuchenführer hielt mich davon ab, noch weiter dieser Fährte zu folgen. Schließlich erzähle ich selbst bei meinen Vorträgen überall in Bayern von solchen und ähnlichen Situationen und predige: Spätestens jetzt ist ein Nachsuchenführer anzurufen!

Anhand der Pirschzeichen am Anschuss und des vielen Schweißes im Wundbett sowie auf der Fährte versuchte ich, den Sitz der Kugel herauszufinden. Wie gesagt, das Stück hatte gezeichnet, indem es vorne hochsprang und anschließend mit den Hinterläufen ausschlug.

Kein Schweiß, keine Haare direkt am Anschuss, erst nach ca. zehn Metern hellroter Schweiß, der im Verlauf der Fährte gleichmäßig blieb, aber kein Lungenschweiß mit Bläschen.

Versunken in diese Gedanken lief ich die kurze Strecke zurück zu meinem Auto. Ich setzte mich ans Steuer und erzählte meinem Orgo, der neben mir auf dem Beifahrersitz lag, von meinem Erlebnis. Er stand auf, setzte sich und schaute mich mit seinen großen Kulleraugen an, als ob er jedes Wort verstehen würde und mir sagen wollte: „Hey, das kriegen wir schon wieder hin, du hast ja mich!"

Ich konnte nicht bis 14:00 Uhr warten, bis endlich „Hahn in Ruh" galt. Ab diesem Zeitpunkt wurde ich gebraucht, ich war heute mitten im Trieb, es gab bestimmt noch andere Suchen, und um 17:00 Uhr war es dunkel.

Also nahm ich mein Telefon und rief Heiner an und erzählte ihm die Geschichte. Ohne eine Antwort von ihm abzuwarten, fragte ich: „Besteht die Möglichkeit, dass ich dieser Fährte am Berg folge, damit ich um 14:00 Uhr wieder einsatzbereit bin?"

„Kein Problem, Helmut, am Berg sitzt nur ein einziger Schütze, ganz oben auf den Kamm, ich werde ihn anrufen und ihm Bescheid geben, dass du da reingehst. Übrigens ist das nicht mal schlecht, denn bei diesem Wetter komme ich gar nicht dazu, auch noch euren Berg zu beunruhigen!"

Das wollte ich hören, mir fiel ein Stein vom Herzen. Ich ging zum Kofferraum, holte die Hundematte heraus und legte sie direkt hinter dem Kofferraum in den Schnee, um mich für die Nachsuche vorzubereiten. Hose runter, die lange Unterhose und zwei Paar Socken ausgezogen – das musste sein, denn mit all den Klamotten, die ich beim Ansitzen anhatte, kann man keine Nachsuche machen. Ich stand nur in kurzer Unterhose bei Schneetreiben auf dem Truppenübungsplatz und schlüpfte schnell in meine Nachsuchenhose. Mir war so kalt, dass ich beschloss, meine Vliesjacke anzubehalten und einfach die orangefarbene Nachsuchenjacke drüberzuziehen. Professionell und routiniert bereitete ich mich und meinen Hund auf die bevorstehende Nachsuche vor. Mit ruhiger Stimme redete ich fast ununterbrochen mit meinem Orgo. Ich schaltete das GPS-Gerät ein und markierte das Auto, schwang meinen K98, den ich mit einem Rucksackriemen trage, auf den Rücken, tastete noch einmal alles an mir ab, legte meinem Orgo den Schweißriemen an – fertig. Ohne Eile ging ich mit ihm in Richtung Anschuss, ca. zehn Meter davor gab ich ihm das Kommando: „Such vorhin verwund!"

Gleichsam wie ein Zauberspruch wirkten diese Worte, ja, wie wenn man einen Lichtschalter umlegt, steckte mein Orgo die Nase in den Schnee und fing an, in seinen „Nachsuchenmodus" zu verfallen. Wie in Zeitlupe arbeitete er sich vorwärts, prüfte jeden Grashalm, der aus dem Schnee ragte, zeigte mir den Anschuss und anschließend Schweiß. Wir folgten meiner Fußspur die 100 Meter bis zum Wundbett, das er intensiv bewitterte. „Brav, mein Dicker, weiter verwund!"

Anhand der Fährte, die ich mit meinen Augen gut verfolgen konnte, sah ich, dass das Stück sich bereits vom Rudel getrennt hatte und alleine weitergezogen war. Wahrscheinlich hatte es im Wundbett gelegen, bis ich es hochgemacht hatte. Es ging den Berg hinauf, der erst sanft anstieg, jedoch mit jedem Schritt steiler wurde. Totholz und schroffes Jurasteingelände machten unser Vorankommen richtig schwierig. Der Schweiß wurde immer weniger, bis wir unterhalb eines steilen Abhangs das zweite Wundbett fanden. Wenig Schweiß, das war nicht gut! Ohne sich weiter für dieses Wundbett zu interessieren, wollte mein Hund den Hang hinauf. „Das kann doch nicht sein", dachte ich mir, „da kommt doch nie ein Stück Rotwild hinauf, und erst recht kein verletztes!" Orgo war schon halb oben, und ich klügelte immer noch. Ich schaute hoch und fragte ihn: „Bist du sicher verwund?" Ich hätte gar nicht zu fragen brauchen, zehn Meter oberhalb stand mein Hund und schaute zu mir herunter mit seinem einzigartigen Blick, als wollte er mir sagen: „Rede nicht viel, komm mir einfach nach!"

Blindes Verständnis ohne Worte, bis hin zu einem Blick, der aus einem Nachsuchengespann Gefährten macht, das ist die Grundlage unserer Arbeit. Der Hund ist der Nachsuchenprofi, nicht ich. Meine Aufgabe bestand nur darin, ihm das alles beizubringen, jetzt bin ich nur sein Gehilfe!

Auf allen vieren, teilweise zog mich Orgo am Schweißriemen nach, kam ich oben am Abhang an. Ohne Pause ging es weiter, mein Hund war schon wieder zehn Meter vor mir auf seiner Fährte. Ich sah nur noch punktuell einzelne Schweißspritzer. Auch weiterhin mussten wir bergauf über verschneites Buchenlaub, Geröll, umgefallene Bäume, Totholz. Es wurde immer steiler, immer wieder rutschte ich aus, fiel hin und stand wieder auf, um den Schweißriemen zu fassen, damit mein Hund wusste, dass ich auch noch dabei war. Wir hatten den Berg etwa zu drei Viertel erklommen, als wir am dritten Wundbett ankamen. Sehr wenig Schweiß, aber im Schnee war schön zu sehen, dass das verwundete Stück hier gelegen hatte. Bis hierher waren wir etwa eineinhalb Kilometer gegangen, körperlich war ich total am Ende, hätte ich doch nur nicht die dicke Vliesjacke anbehalten. Der Schweiß lief mir den Rücken hinunter in die Unterhose, meine Oberschenkel brannten wie Feuer, und ich keuchte vor Anstrengung. Um genügend Luft zu bekommen, atmete ich durch den Mund. Mein Verstand sagte mir: „Hör auf, es hat keinen Sinn mehr."

Zweifel und Enttäuschung überkamen mich, in diesem Moment glaubte ich nicht mehr daran, jemals an das Stück zu kommen. Aber mein Hund wollte weiter, er gab mir durch sein Weitergehen unmissverständlich zu verstehen, dass wir hier nicht aufhören würden. Immer wieder zog er kurz an, drehte sich dann zu mir um, schaute mich an und zog wieder an. „Gott sei Dank kannst du nicht sprechen!", sagte ich zu ihm. „Orgo, langsamer, ich glaub, ich werde alt, du sturer Hund! Also weiter verwund!" Was blieb mir anderes übrig? Auf keinen Fall durfte ich jetzt Schwäche zeigen, ich war sein Rudelführer, der, auf den er sich immer verlassen konnte.

Ich habe gelernt, über meine Grenzen zu gehen, hier bringt einen nur der Willen weiter. Körperliche Fitness kann man sich antrainieren. Die Willensstärke, mentale und physische Herausforderungen in extremen Situationen zu meistern, muss angeboren sein. Es ist wie mit dem nicht mehr Rauchen, es ist wie mit so vielen Dingen im Leben – es ist eine Willenssache.

Nach diesem Wundbett ging es nach einem 90-Grad-Haken nicht mehr bergauf, sondern den Hang entlang. Wir bewegten uns auf einem schmalen Wechsel der Fährte entlang, links ging's steil bergauf, rechts 100 Meter steil bergab. „Wenn ich hier abrutsche, findet mich zwei Tage kein Mensch mehr", schoss es mir durch den Kopf, hier wurde es richtig gefährlich. „Halt, mein Hund, halt!" Ich hangelte mich am Schweißriemen zu Orgo, streichelte ihm liebevoll über sein Haupt und streifte ihm sein Brustgeschirr ab. „Nur zu unserer Sicherheit, wenn einer von uns abstürzt, nimmt er sonst auch den anderen mit. Jetzt langsam weiter verwund!"

Ich nahm den Schweißriemen an mich und hängte ihn mir über die Schulter. Obwohl ich mir sicher war, dass das Stück direkt vor uns herzog und dass auch mein Hund das mit Sicherheit wusste, war mir in diesem Augenblick ein Schnallen und eine Hetze zu gefährlich.

Nach etwa 300 Metern ohne Riemen brach unmittelbar vor uns ein Schuss. Sofort fiel mir ein, dass Heiner ja von einem Schützen am Berg ganz oben gesprochen hatte. Das musste dieser Schütze gewesen sein, ihm war jetzt wahrscheinlich ganz vertraut das Kalb gekommen, und er hat es erlegt. Trotzdem ließen wir nicht ab von unserer Fährte und machten unbeirrt weiter.

Wir überquerten einen Waldweg, auf dem ein Auto stand, ich war mir sicher: das Fahrzeug des Schützen! Auf dem Weg, den wir überquerten, war schön die Fährte im Schnee zu erkennen, vier Fährtenabdrücke und nur noch kleine rote Pünktchen, die nur noch zu erkennen waren, weil sie ganz frisch sein mussten. Also schon mal kein Laufschuss. Es ging hinein in ein Meer von Buchenverjüngung, der ganze Berghang war eine einzige Buchenverjüngung, die mir bis zur Hüfte reichte, mit einzelnen starken Mutterbäumen, malerisch verschneit, eine friedliche, weihnachtliche Atmosphäre im Januar.

Als wir etwa 100 Meter in diese Verjüngung hineingesucht hatten, meinen Hund konnte ich teilweise nur noch erahnen, so dicht standen die Bäumchen hier, hörte ich eine Stimme von links oben. Gut getarnt inmitten dieser Verjüngung, fast ganz oben auf dem Kamm hatte der Schütze seinen Stand und somit einen richtig guten Überblick.

„Ich habe auf ein einzelnes Stück Rotwild geschossen, es muss 100 Meter vor dir liegen!", rief er zu mir herunter. Ich war richtig froh, obwohl nach dieser intensiven Suche eine Hetze echt schön gewesen wäre. Aber besser so, mein „Fehler" war wieder wettgemacht, das waren meine Gedanken auf diesen „letzten 100 Metern".

Ich schaute auf mein GPS-Gerät, um herauszufinden, wo mein Hund jetzt war, denn sehen konnte ich ihn durch dieses Dickicht nicht. Laut Anzeige auf dem Display war er 60 Meter vor mir, „Hund steht", stand da. Mein Hund ist schon am Ziel, dachte ich, und während ich mich auf den Weg zu ihm machte, fing ich schon an, ihn ausgiebig zu loben. „So ist es brav, mein Dicker, du kannst ja schön verwund suchen, so ein guter Hund!"

Schwanzwedelnd und vor Erregung zitternd stand er plötzlich vor mir mit seinem einzigartigen Blick. Er wollte das „Go" von mir haben! In Bruchteilen von Sekunden registrierte ich die Situation, die ich vorgefunden hatte, und schlussfolgerte: Wundbett, wenig Schweiß, das Kalb zieht jetzt nicht mehr, sondern ist auf der Flucht! Instinktiv rief ich meinem Hund zu: „Fass, gib Laut!"

Das war wie eine Erlösung für ihn, er wartete nur auf dieses Kommando. Mein Hund wusste, dass dieses Kommando kommen musste, nach so vielen Fährten, denen wir im Laufe der Jahre nachgehangen sind, kennen wir einander in- und auswendig.

Kurz danach hörte ich „Fährtenlaut", der sich schnell von mir hangaufwärts entfernte. Ich stand noch immer wie angewurzelt da, den Laut meines Hundes in dieser Verjüngung verfolgend. Da, endlich giftiger Hatzlaut, der innerhalb von Sekunden verstummte. Ein Blick auf mein GPS-Display sagte mir, dass sie hinter der Kuppe verschwunden waren, deshalb konnte ich seinen Laut nicht mehr hören, der Schnee tat sein Übriges und verschlang jedes Geräusch.

Im Laufschritt erklomm ich, immer wieder stürzend, zwischendurch auf allen vieren die letzten 100 Meter bis zum Gipfel, als hätte es bis hierher keine Anstrengung gegeben. So kam ich fast am Stand des Schützen an und hörte unverkennbar den dunklen Bass meines Hannoverschen Schweißhundes! Endlich Standlaut! Was für ein schöner einzigartiger Klang hallte durch den tief verschneiden Berg.

„Hinter mir, sie sind direkt hinter mir, ich kann schießen!", rief mir der Schütze zu.

Ich rief noch im Laufen, so laut ich konnte: „Sofort einstellen, nicht schießen, Waffe weg!" Dann blieb ich kurz beim Schützen stehen und sagte ihm noch einmal, dass nur noch ich schießen würde, er solle seine Waffe weglegen.

Wie schon hunderte Male vorher, ließ ich den Schweißriemen fallen, holte meinen K98 vom Rücken, repetierte eine 9,3 x 62 ins Patronenlager und sicherte die Waffe in Mittelstellung. Jetzt war alle Eile vorbei, mein Hund würde das Stück nicht mehr ausbrechen lassen, hier war die Flucht dieses Tieres zu Ende.

Ich ließ die Handschuhe fallen und pirschte dem Laut meines Hundes entgegen. Unmittelbar hinter dem Stand des Schützen, ca. 80 Meter entfernt stand das Kalb in der Buchenverjüngung, meinen Orgo konnte ich nicht sehen, aber durch sein Bellen und die Bewegungen der kleinen Buchen erahnen. Sein Rufen nach mir hallte giftig durch den Wald: „Komm, komm, hier bin ich, ich habe es gefunden, komm!"

Wie angekettet stand das Kalb vor mir und blickte mich an, halb im Anschlag stand ich nun 50 Meter vor ihm. Ich musste noch näher ran, wo war mein Hund? Ich konnte nicht schießen, wenn ich meinen Hund nicht sah! Die Sekunden verflogen, wie eine Statue stand das Kalb da und hatte mich fest im Blick. Schweiß lief mir von der Mütze über das Gesicht in die Augen, ich spürte den Schnee, der mir ins Gesicht und auf die Hände fiel, Sekunden wurden zu Minuten. In diesem Moment wurde mir klar, es konnte nicht mehr, entspannt nahm ich meine Büchse runter, jedoch nur so weit, dass ich jederzeit wieder im Anschlag sein konnte, und ging langsam auf das Kalb zu. Noch etwa 20 Meter, die Entfernung passte, war im Anschlag, atmete ruhig und musste immer wieder blinzeln, um den Schweiß aus meinen Augen zu bekommen. Wo war mein Hund? Solange ich ihn nur höre und nicht sehe, kann ich nicht schießen!

Da, das Kalb drehte sich, stand kurz breit! Wo war mein Hund? Endlich, fünf Meter rechts hinter dem Kalb erkannte ich die Signalweste von meinem Orgo!

Schuss! Stille! Blitzartig fiel das Kalb im Knall zusammen, sodass ich es nicht mehr sehen konnte. Ich hörte wieder meinen Hund, der mal zerrte und dann wieder Laut gab. Waffe weg, meinen Hirschfänger raus und schnell zur Bail. Vor mir lag ein starkes Hirschkalb, das mein Orgo sofort in Besitz nahm.

Ich sank auf die Knie, in Sekunden löste sich die Anspannung und Konzentration, gleichzeitig überkam mich totale Erschöpfung, Freude, Erleichterung und Zufriedenheit. Voller Dankbarkeit kniete ich vor meinem Hund und dem Hirschkalb und rief unseren Schöpfer und Hubertus an. Ich kam erst wieder zu mir, als mich mein Orgo voller Freude ansprang, um mit mir „zu kämpfen", unser immer gleiches Ritual, wenn wir am Stück sind. Wie zwei ausgelassene Jungs spielten wir, jagten uns, um uns sofort wieder abzuliebeln.

„So etwas habe ich noch nicht gesehen, das war ja der Wahnsinn!" Mit meinem Schweißriemen und meiner Büchse in der Hand stand der Schütze hinter uns und holte mich und Orgo aus unserem Spieltrieb. „Wenn ich das jemandem erzähle, hält man mich für einen Lügner", redete er weiter.

Für mich war jetzt die wichtigste Frage: Wo war der Schuss? Immer wieder hatte ich im Verlauf der Fährte versucht zu erahnen, wo ich abgekommen war. Das Kalb hatte tief den Brustkorb geöffnet, ohne dass irgendein Organ verletzt war. Schleierhaft war mir bei dieser starken Verletzung, dass es noch so weit gegangen war und noch eine Hatz angenommen hatte, eigentlich hätte die Lunge zusammenfallen müssen, tat sie aber nicht. Nur einen Zentimeter höher, und es wäre im Knall verendet. Mit meiner „Norma Vulkan" wäre mir das nicht passiert. Ich durfte gar nicht dran denken, ein Kalb mit einer lebensgefährlichen Schussverletzung war so weit gelaufen!

Gemeinsam zogen wir das Stück zum Forstweg. Der Blick auf mein Handy sagte mir, 13:30 Uhr, echt gut gelaufen. Den Schützen schickte ich wieder auf seinen Stand, es war ja noch 30 Minuten Jagd, und ich wollte mit Orgo zurück zum Auto.

Auch ohne mein GPS-Gerät wusste ich, dass wir einfach nur nach Westen den Berg wieder runterlaufen mussten, um an die Panzerstraße zu kommen, an der mein Auto stand.

Ich überprüfte noch einmal meine Ausrüstung, und zufrieden machten mein Hund und ich uns auf den Weg. Wir stapften bergab durch das verschneite Buchenlaub, immer den Westwind im Gesicht. Schon von ganz oben erkannte ich das weit ausladende Tal und die beiden gegenüberliegenden Berge, hier unten am Fuß des Berges war mein Drückjagdsitz, rechts davon stand mein Auto. Immer steiler wurde der Hang, immer wieder kam ich ins Rutschen und landete auf dem Hintern. Rechts von mir fiel der Berg etwas sanfter ins Tal ab; ich beschloss, diesen Weg zu nehmen. Wir hatten noch genügend Zeit, wenn um 14:00 Uhr „Hahn in Ruh" war, würde Heiner frühestens um 14:20 Uhr bei mir sein.

Ich freute mich schon darauf, bald zum Auto zu kommen, da warteten meine Brotzeit und eine Kanne Tee auf mich. Als ich etwa die Hälfte des Abstieges hinter mir hatte, blieb ich auf einem Vorsprung, der etwa so groß war wie ein kleiner Balkon, stehen, um die herrliche Aussicht zu genießen. Von hier aus überblickte ich das gesamte Tal bis zu den gegenüberliegenden Bergen mit bloßem Auge. Was für ein schöner Tag, was für eine unbeschreibliche Natur, für Minuten kniete ich neben meinem Hund nieder, nahm ihn in den Arm und ließ die Seele baumeln.

Da, drüben am Berg war doch Bewegung! Tatsächlich Rotwild, ein ganzes Rudel! Sichernd stand es im Pulk am Waldrand. Ich spürte plötzlich, wie die Kälte in meine verschwitzten Klamotten kroch und mich leicht frösteln ließ. „Komm, wir gehen weiter, mein Dicker, die Jagd ist sowieso bald vorbei, und wir haben heute genügend Jagd gehabt!", sagte ich gerade zu meinem Hund. Nochmal eben einen Blick auf den Waldrand gegenüber werfend ging ich los. In diesem Moment trat das Rudel auf die Freifläche. Wie auf Kommando lösten sie sich aus ihrer Formation und betraten wie auf einer Perlenkette aufgefädelt das Tal.

34 Stück Rotwild, es waren nur zwei Hirsche dabei, zogen genau auf meinen Berg zu. Weit abgeschlagen, etwa 100 Meter dahinter, kam noch ein Stück, viel langsamer als die anderen. Dieses Schauspiel wollte ich mir nicht entgehen lassen, ich nahm mir die Zeit, auch wenn es kalt war, so etwas erlebt man nur selten. Ich hatte einen Logenplatz, wie er besser nicht sein konnte.

In der Mitte des Tals blieb das Rudel stehen, um sich wieder zusammenzurotten. Es machte auf mich den Eindruck, als ob es auf den Nachzügler warten wollte. Als dieser angekommen war, setzte sich das Rudel erneut in Bewegung, wieder löste sich die Rudelformation auf und sie marschierten in einer Reihe. Wie bewundernswert diese Tiere doch sind.

Die wollten zu meinem Berg, nur noch 200 Meter, dann würden die ersten den Waldrand erreichen. „Wieder dieser Nachzügler, mit dem stimmt doch irgendetwas nicht“, schoss es mir in den Kopf. Und tatsächlich, je näher besagtes Stück herankam, umso mehr hatte ich den Eindruck, ein Humpeln zu erkennen.

Direkt unterhalb von mir war das Rudel angekommen, um sich im Wald wieder zusammenzurotten und auf den Nachzügler zu warten. Ich kniete mich wieder neben meinen Hund, ihm war das Rudel natürlich auch nicht entgangen, und wir beide schauten uns dieses Schauspiel gespannt an. Ich vernahm ein lautes Rauschen, eng zusammengerottet, aber immer in Bewegung bleibend, ging das Rudel 100 Meter unterhalb unseres „Balkons“ immer im Kreis. Und wieder ging es in Reih und Glied weiter, als der Nachzügler aufgeschlossen hatte.

Immer noch kniend, nahm ich meine Büchse vom Rücken und repetierte fast lautlos eine Patrone ins Patronenlager. Links von mir, keine 15 Schritt entfernt, sah ich einen starken Wechsel, der sich wie eine Linie 100 Meter den Hang zu meinem Rudel hinunterzog. Und genau auf diesem Wechsel kamen in diesem Augenblick über 30 Stück Rotwild auf mich zu. Das Blätterrauschen und Knacken von Ästen wurde immer lauter und ließ meinen Orgo und mich erzittern. Mein Herz schlug mir bis zum Hals, sodass ich wie vorhin durch den Mund atmen musste, weil ich durch die Nase zu wenig Luft bekam. In einer mühelosen Leichtigkeit kam das Rudel diesen steilen Berghang hoch. Wie Schatten, die an mir vorbeizogen, nahm ich die einzelnen Stücke wahr, mein Fokus galt nur noch dem letzten Stück. Sichtbar krank, vorne links humpelnd, nahm das letzte Stück den Anstieg an. Immer noch kniete ich neben meinem Orgo, den ich mit meiner linken Hand streichelte, mir fiel aber auf, dass sich sein Zittern gelegt hatte und er ebenso gespannt wie ich diesem Treiben zuschaute. Noch nie in meinen fast 20 Jägerjahren hatte ich solch einen Anblick. Mit dem Daumen an der Flügelsicherung meiner Büchse wartete ich wie ein Raubtier, bereit zum „Sprung“ auf meine Beute. Die Jagd war bestimmt schon vorbei, hier ging es aber um Tierschutz und Weidgerechtigkeit, für mich galt heute erst dann „Hahn in Ruh“, wenn ich diese arme Kreatur erlegt hatte.

Immer noch zogen die letzten Rottiere und Kälber an mir vorbei, um wie Geister oberhalb von uns im Weiß des Berges zu verschwinden. Ohne mich zu bemerken, war das letzte Stück an mir vorbei, ich hörte das quälende Schnaufen, die ungleichmäßigen Schritte des Nachzüglers näherkommen. Längst hatte ich den Sicherungsbügel meiner Büchse nach links gedreht und war bereit.

Das starke Haupt eines Alttieres schob sich 15 Meter links von mir langsam vorbei, den Äser weit aufgerissen. Der laute Knall meiner Büchse durchflutete die Winterlandschaft, hallte hinunter ins Tal, hinüber zum gegenüberliegenden Berg, um als Schall wieder zurückgeworfen zu werden. Leblos, getragen vom Schnee und Buchenlaub rutschte das Tier den Hang hinunter, wo es noch kurz schlegelnd liegenblieb. Ich stand auf und konnte noch die Schritte des Rudels oberhalb von mir hören, das sich immer weiter entfernte, bis nur noch Stille herrschte. Ihnen war klar, dass sie jetzt nicht mehr auf ihren Nachzügler warten mussten.

Der Abhang war so steil, dass ich nur auf dem „Hosenboden" hinunterrutschen konnte, natürlich war Orgo längst vor mir beim Tier und nahm es in Besitz.

Vor uns lag ein Alttier mit einem alten, hohen Vorderlaufschuss – bestimmt von der Jagd vor zwei Wochen. Der linke Vorderlauf hing nur noch funktionslos am Fell, der Röhrenknochen war oberhalb des Kniegelenks komplett zersplittert, eine starke Entzündung hatte sich bereits bis zum Blatt ausgeweitet, sodass alles stark angeschwollen war. Diesen Oberpfälzer Winter hätte das Tier nicht überlebt. Verwunderlich war, dass das Stück nicht beschlagen war, den Grandeln nach hatte ich es auf höchstens fünf Jahre geschätzt. Ich kann es mir nur erklären, dass es sein Kalb bedingt durch die großen Schmerzen bereits abgestoßen hatte.

Ich kniete voller Demut und Respekt vor dieser armen Kreatur, strich ihr über das Haupt und war dankbar, dass Hubertus mir das kranke Stück geschickt hatte. Es soll keine Ausrede für den schlechten Schuss auf mein Kalb sein, aber ohne diesen und die anschließende Suche wäre dieses arme Geschöpf höchstwahrscheinlich qualvoll verendet. Warum führte mich mein Weg zurück ausgerechnet auf diesen Vorsprung, an dem ich eine Pause einlegte? Ich glaube daran, dass alles vorbestimmt ist, nichts geschieht durch Zufall.

Ich gab meinem Hund den Lecker, seine Lieblingsspeise, versorgte das Tier und zog es zum Waldrand. Genau zur rechten Zeit, in der Ferne hörte ich bereits Motorengeräusche und das Klappern eines Anhängers, der über die Panzerstraße gezogen wurde. Das war bestimmt Heiner auf dem Weg zu mir.

Überschwänglich, mit großer Freude und auch Stolz, erzählte ich meinem Förster von meinem Jagdtag. „Wie kann das einem wie dir passieren?", fragte mich dieser. Obwohl ich ganz klar einen Fehler gemacht hatte, stand ich dazu: „Ich habe einfach zu schnell geschossen!" Ich suchte keine Ausrede wie ein Ast war im Weg, als ich schießen wollte, hat es noch einen Schritt gemacht, das Wetter … usw.

Nachsuche hatte ich an diesen Tag keine mehr, außer meinen zwei Stück Rotwild hatten wir in unserer Gruppe nur noch einen Überläufer. Am Streckenplatz wussten schon alle Hundeführer von meiner „eigenen Nachsuche", dementsprechend groß war auch die Schadenfreude meiner Kollegen.

Mirko, einer meiner besten Freunde und einer der passioniertesten Nachsuchenführer, die ich kenne, kam lachend auf mich zu und sagte schadenfroh: „Na, hast du dir heute selbst eine Nachsuche geschossen?"

„Klar, Mirko", gab ich ihm prompt zurück, „also wenn du selber mal einen super Nachführer brauchst, kannst du mich jederzeit anrufen!"

Lange wusste ich nicht, welchen Titel ich diesem außergewöhnlichen Erlebnis geben sollte, eigentlich ist diese wahre Geschichte hier zu Ende. Warum ich letztendlich auf „Von Stolz und Überheblichkeit" gekommen bin? Nicht, weil ich mich selbst für überheblich halte oder die Nase ganz weit oben trage. Nein, es hat sich einfach wieder einmal herausgestellt, dass niemand davor gefeit ist, Fehler zu machen, auch wenn er so wie ich seit mehr als 20 Jahren aus tiefster Überzeugung und zum Wohle des Tierschutzes Jäger und Nachsuchenführer ist und stolz darauf ist. Dieses Erlebnis war für mich prägend und lehrreich und ist tief in mein Bewusstsein vorgedrungen. Zu jeder Nachsuche gehört eben nicht nur ein Stück Wild, sondern auch ein Schütze, einer wie du und ich, der die Nachsuche nicht mit Absicht produziert hat. Nicht weil er einen Fehler gemacht hat, sondern vielleicht, weil es so vorbestimmt war, sich wieder der Verantwortung bewusst zu werden, die wir als Jäger gegenüber dem Geschöpf haben.

Diese Jagd an jenem Januartag war also vorbei, gleichbleibend monoton waren die Fahrzeuggeräusche meines alten Opels, zusammengerollt lag Orgo neben mir auf dem Beifahrersitz, immer noch schneite es auf dem Weg nach Hause. Wie nach jeder Jagd verarbeitete ich gedanklich den Tag, an diesem letzten Jagdtag der Saison jedoch ganz besonders, ich dachte über heute und die letzten drei Monate in Hohenfels nach. Ich redete mit meinem Hund, erzählte ihm von meinen Gedanken, Wünschen und Träumen. Nicht dass ich je eine Antwort erhofft hätte, einfach nur, damit die Zeit verging und ich wieder mit mir ins Reine kam.

Dieser Tag hat mir wieder einmal gezeigt, dass das, was wir tun, wichtig und richtig ist, er hat mir aber auch meine Grenzen aufgezeigt, die ich noch nie so offensichtlich erreicht hatte. Wie lange wohl kann ich körperlich diese Arbeit noch machen? Werde ich wirklich alt? Ich war doch immer topfit, nie zuvor war ich nach einer Nachsuche so kaputt wie heute! Kann ich Schwäche zeigen, registriert mein Hund überhaupt, dass ich langsam als Rudelführer ausgedient habe, oder liebt er mich zu sehr, um deshalb darüber hinwegzuschauen?

An diesem Punkt bin ich jetzt angelangt! Mit meinen 52 Jahren fühle ich mich eigentlich fit, ich laufe viel, mindestens 20 Kilometer die Woche, rauche nicht und ernähre mich sehr ausgewogen. Dennoch hängen meine Gedanken immer noch an dieser körperlich herausfordernden Nachsuche.

Der Schneefall hörte nicht auf, LKW an LKW auf der rechten Spur, und wie ich es geahnt hatte, stand ich kurz vor Nürnberg im Stau. Mein Orgo lag noch immer seelenruhig neben mir, meine Gedanken schweiften weiter:

Warum bin ich Jäger geworden? Warum sind Sie Jäger geworden? Des Tötens willen? Um draußen zu sein? Wegen der Waffen? Habe ich mir oder haben Sie sich schon mal diese Frage gestellt und diese Frage auch ehrlich beantwortet? Warum? Sitzen wir nicht alle einfach mal auf einem Hochsitz und fühlen uns einfach nur glücklich, ohne dass wir unsere Waffe gebrauchen müssen oder wollen? Mir geht es oft so, etwas treibt mich in den Wald, dann sitze ich da und bin einfach froh, hier zu sein. Ich vergesse alles um mich herum, hier gibt es keine Sorgen, und irgendwann nehme ich mein Sitzkissen und meine Waffe und gehe wieder in mein normales Leben zurück. Ich liebe das, für mich ist das Lebensqualität, ein Gefühl, dass Nichtjäger nie kennenlernen.

Trotzdem gehören Jagen und Töten zusammen, und wir haben uns dafür entschieden, es ist richtig und wichtig, sollte aber immer im Einklang mit der Natur erfolgen! Wir Jäger sollten nicht töten um des Tötens willen, sondern um ein Gleichgewicht in der Natur herzustellen, das ist unsere Aufgabe, und nur so sind wir ein Teil von allem.

Mir kommt Peter Wohlleben in den Sinn, ein Autor, den ich sehr schätze, ohne ihn persönlich zu kennen, und dessen Visionen ich vollumfänglich teile: Ist es nicht so, dass das Wild im Einklang mit der Natur (im weitesten Sinne auch mit unserer Kulturlandschaft, die wir Natur nennen) lebt und nur wir Menschen diese Symbiose stören? Ich glaube auch fest an seine These, dass Pflanzen miteinander verbunden sind, ihr Wurzelwerk so eng miteinander verschlungen ist, dass sie miteinander „reden“, „kommunizieren“ können. In einem seiner Interviews, er stand inmitten eines Buchenaltholzes, wurde er einmal gefragt, warum hier keine anderen Bäume als Buchen wachsen. Seine Antwort war: „Weil die Natur es nicht vorgesehen hat!“ Kommunizieren Bäume wirklich miteinander oder sind sie nur Pflanzen, die Hunderte von Jahren immer am selben Fleck stehen, um irgendwann von uns gefällt zu werden? Dient ihr Dasein nur als Rohstoff für uns Menschen?

Noch immer Stau, ich stand auf der Überholspur, mein Hund hatte sich aufgesetzt, weil er dachte, wir wären zu Hause, wir hatten jedoch mindestens noch 100 Kilometer vor uns.

Unsere Blicke trafen sich, wie zwei alte Freunde schauten wir uns in die Augen.

„Langsam kriegst du einen grauen Bart, mein Alter!“ Ich fange wieder an, mit ihm zu reden, um uns beiden die Zeit zu vertreiben. „Weißt du noch, die Jagd vor zwei Wochen? Der Dicke mit seinem Sohn, der ist kein Jäger, sondern nur ein Killer!“

Vor zwei Wochen war ich in Hohenfels als „Beunruhiger“ eingeteilt gewesen. Anders als bei den vorherigen Jagden waren schon ungewöhnlich viele Schüsse gefallen, bevor wir um 10:30 Uhr losgingen und die Hunde geschnallt wurden:

Es war ein kühler, leicht frostiger Dezembermorgen, mein Orgo und ich durchstreiften den uns zugewiesenen Revierteil, stapften durch das Moos der Fichtendickungen und durch das üppige Laub der Buchenwälder. Um 14:00 Uhr trafen wir uns wie immer mit dem Förster, um die Gruppe abzufahren, das Wild zu bergen und Anschüsse zu verbrechen, die ich dann, wenn alle auf dem Weg zum Streckenplatz waren, in aller Ruhe abarbeiten konnte.

Schon beim Anstellen am Morgen war mir ein etwas mehr als korpulenter Mann aufgefallen. Jetzt am Nachmittag war er der zweite Schütze, zu dem wir fuhren. Ich stand mit meinem Fahrzeug noch auf dem Hauptweg, als mich der Förster anrief und mir sagte, dass der Schütze einen Spießer geschossen hätte und ich doch zum Bergen kommen sollte. Die 100 Meter zu seinem Stand waren für meinen Corsa nicht befahrbar, also ließ ich meinen Hund aus dem Kofferraum und ging die paar Meter zu Fuß. Schon beim Hingehen sah ich diesen überaus fettleibigen Mann den Hang hinaufsteigen und wusste sofort, der ist auf dem Weg zu seiner Beute. Nach kurzer Zeit hatte ich ihn eingeholt und fragte, wo denn seine Beute sei. Ohne ein Wort, total außer Atem, zeigte er nur geradewegs den Hang hinauf. Ich sah nach oben und erkannte schon meinen Hund an der Beute. Als endlich auch der Schütze bei seinem Stück angekommen war, sagte ich etwas forsch, denn ich glaubte, diesen Schützen – obwohl ich ihn überhaupt nicht kannte – sofort richtig einschätzen zu können: „Der Hirsch ist ja noch gar nicht aufgebrochen, also Messer raus, und los geht's!“ Es gibt zum Glück wenige, aber leider eben doch vereinzelt solche „Jäger“, die meinen, weil sie für die Jagd bezahlen, müssten andere für sie das von ihnen erlegte Wild aufbrechen. Und genau so einer war dieser Herr. Total außer Atem stand er vor mir und dem Förster, der wenige Minuten nach mir bei uns angekommen war, und sagte: „Ich habe kein Messer dabei!“

Noch bevor der Förster etwas sagen konnte, gingen mit mir fast die „Gäule durch“ und ich erwiderte: „Also, zurück zum Auto und Messer holen, wir haben heute noch mehr vor!“ Es war frech von mir, eigentlich nicht meine Art, aber wie gesagt, ich täusche mich selten, was meine Einschätzung von Menschen betrifft.

„Nein, ich habe überhaupt kein Messer dabei!“, gab mir der dicke Mann wie selbstverständlich als Antwort. Einfach nicht zu fassen, dachte ich. „Wollen Sie mir sagen, dass Sie auf die Jagd gehen und kein Messer dabei haben? Wer soll jetzt Ihr Stück aufbrechen? Hier, Sie können meins haben!“ Ich reichte ihm mein Abfangmesser, um endlich weiterzukommen.

Doch dieser Herr machte nicht einmal Anstalten, mein Messer zu nehmen. Stattdessen sah er den Förster an, dieser blickte zu mir, nahm mich am Arm und ging mit mir zur Seite. „Helmut, mach doch bitte du das, sonst stehen wir hier noch ewig rum!“ Nicht wegen des Schützen, sondern nur, um dem Förster den Gefallen zu tun, brach ich das Stück auf. Wir zogen es zum Pick-up und hievten es auf die

Ladefläche. Der Schütze, ich nenne ihn mit Absicht so, stand nur daneben und sah uns zu.

Am nächsten Stand war sein Sohn, ein junger Mann um die 20, auch er hatte Weidmannsheil, eine stärkere Sau, die er sauber am Waldweg erlegt hatte. Sie ahnen es schon, auch dieses Stück war nicht aufgebrochen. Kurzum, das gleiche Spiel, der Förster und ich haben die Sau aufgebrochen und verladen.

Als ich nach einer Kontrollsuche zum Streckenplatz zurückkam, ich war gerade von meinem Auto ausgestiegen, kam dieser junge Mann auf mich zu und wollte mir einen 10-€-Schein in die Hand drücken. Professionell freundlich lehnte ich ab und ließ ihn stehen.

Später saß ich noch mit den Förstern und Jagdhelfern bei einem Abschlussbier am Tisch in der Hütte von Frau Messerklinger, als mein Förster zu mir sagte: „Komm mal mit nach draußen!" Er bedankte sich noch einmal dafür, dass ich die Stücke aufgebrochen hatte und erzählte mir eine Geschichte über diesen etwas korpulenteren Herrn, die er mit ihm in der Hirschbrunft erlebt hatte: Der Förster führte besagten Herrn auf einen Einser-Hirsch an. Dafür pirschte er zuvor den ganzen Vormittag alleine durch sein Revier, bis er einen Hirsch bestätigt hatte, fuhr dann zum Schützen, der in seinem Hotel wartete, holte ihn ab, um an den Brunftplatz zu fahren, wo dieser dann seinen Hirsch strecken konnte. Aufgebrochen und versorgt hat den Hirsch natürlich der Förster.

Schützen, die sich so verhalten, sind in meinen Augen keine „Jäger", ich nenne sie „Schießer".

Jagderlebnisse wie diese haben mich in den 20 Jahren meiner Tätigkeit als Nachsuchenführer und Jäger geprägt. Die Jagd ist häufig dem Kommerz verfallen, wie vieles in unserer Gesellschaft. Mittlerweile hat sich eine ganze Jagdindustrie entwickelt, und ein Ende ist nicht in Sicht. Ich will hier nicht Richter sein, auch ich bin teilweise diesem Wahnsinn verfallen, aber ich höre zu, wenn alte Weidmänner von Zeiten erzählen, als die Jagd noch etwas Ursprüngliches war. Wir alle, die wir uns Jäger nennen, sollten öfter darüber nachdenken, wofür wir eigentlich einstehen sollten. Wir sollten Hüter und Beschützer unseres Wildes und der Natur sein. Jeder von uns kann etwas tun, damit wir diese schöne Aufgabe in ihrem Ursprung an nachfolgende Generationen weitergeben können. Dazu muss man aber auch bereit sein, kritisch nachzudenken und manchmal umzudenken!

Nachträgliche Gedanken

Nachdem ich mir aufgrund dieser überaus anstrengenden Nachsuche intensive Gedanken gemacht habe, wie lange ich die Herausforderungen als Nachsuchenführer werde meistern können, sind mir auch später noch viele Überlegungen durch den

Erfolgreiche Nachsuche auf einen Hirsch

Kopf gegangen, die ich Ihnen hier nicht vorenthalten möchte, damit Sie sich als zukünftiger Hundeführer auch mit einigen grundlegenden Fragen beschäftigen, noch bevor Sie sich einen Welpen zulegen.

Eigentlich soll ich im nächsten Frühjahr einen HS-Welpen bekommen, ich stehe seit über zwei Jahren auf der Welpenliste im Verein Hirschmann, und die Welpenvermittlerin hat mir fest eine Hündin zugesagt. Ich hatte immer nur Rüden, keine Ahnung, worauf ich mich da einlasse. Schuld war meine Frau, die eines Tages sagte: „Du, Schatzi, unsere Kinder sind jetzt außer Haus, wenn du wieder einen kleinen Welpen willst, dann nehmen wir ein Mädchen, und wenn es dann eine Zuchthündin wird, können wir doch für den Verein Hirschmann züchten, die Zeit hätten wir dann!“

Recht hatte sie schon, irgendwo im Hinterkopf ist mir dieser Gedanke auch schon mal gekommen. „Ich weiß nicht, ich habe noch nie eine Hündin ausgebildet oder geführt!“, war meine Antwort. Es wäre nicht meine Frau, wenn sie darauf nicht auch eine Antwort gehabt hätte, und ich fühlte mich geschmeichelt: „Du bist ein begnadeter Hundeausbilder und Führer, es gibt wenige, die so viel von Hunden verstehen wie du, manchmal wünschte ich mir, du würdest so viel von Frauen verstehen wie von Hunden!“

Interessant fand ich die Aufgabe allemal, ich hatte zwar noch nie eine Hündin gehabt, aber alle, mit denen ich geredet habe und die eine Hündin führen, würden sie nie mehr gegen einen Rüden eintauschen. Die Bindung zum Führer soll noch viel intensiver, die Wildschärfe einer Hündin noch wesentlich höher sein als bei einem Rüden.

Kurzum, eines Tages, meine Frau hatte das Thema längst vergessen, sagte ich zu ihr: „Also gut, wenn du mir dabei hilfst, dann wird unser nächster HS ein Mädchen sein!“

Und so rief ich vor mehr als zwei Jahren Ingrid vom Verein Hirschmann an und ließ mich auf die Welpenliste für eine hirschrote Hündin setzen. Das ist auch der eine Grund, warum es so lange gedauert hat, bis ich eine Zusage bekommen habe. Hirschrote Hannoversche Schweißhunde gibt es fast nicht mehr, der klassische „große rote Hund“ wurde durch die Modeerscheinung „gestromt“ abgelöst. Noch dazu eine Hündin, das wird schwierig werden, sagte mir Ingrid damals schon. Aber ich hatte ja Zeit, es war mir egal, ob es ein oder zwei Jahre dauert, mein Orgo war damals gerade mal sieben. Der zweite Grund für die lange Wartezeit ist, dass im Verein Hirschmann Welpen ausschließlich nach Bedarf gezüchtet werden. Im Verein Hirschmann, der sowohl in der Zucht wie auch in der Ausbildung sehr intensiv mit dem österreichischen Schweißhundeverein zusammenarbeitet, werden zwischen 50 und 70 Welpen im Jahr geboren, nimmt man dann die Rüden weg, die geboren werden, wird die Sache schon schwierig. Außerdem werden die Hundeführer, die im Laufe eines Jagdjahres ihren HS verlieren, wie auch immer dieser schwere Verlust zustande kam, automatisch auf Platz eins der Welpenliste gesetzt. Eine tolle Abmachung, wie ich finde, auch ich war schon Nutznießer dieser Regelung, als ich meinen Gero verloren hatte. Man muss also einfach Geduld haben, aber wie gesagt, ich hatte Zeit.

Die Entscheidung, ob man sich eine Hündin oder einen Rüden anschafft, ist nicht die einzige Überlegung, die man tätigen muss, bevor man sich einen neuen Welpen nach Hause holt und ihn zu seinem Gefährten macht. Es klingt jetzt zwar sehr pessimistisch, aber als ich damals meinen Gero verloren hatte, wurde mir schmerzhaft bewusst, dass nicht ich zur Nachsuche gerufen, dass nicht ich zur Saujagd eingeladen wurde, sondern mein Hund. Nach dem Verlust von meinem Gero fiel ich in ein „Nachsuchenloch“, kein Klingeln mehr am Telefon, keine Vorträge mehr bei Jägerstammtischen und Jägervereinigungen. Meine „Kundschaft“, wenn ich es mal so ausdrücken darf, war mir von heute auf morgen weggebrochen. Ich hatte zwar, dank dem Verein Hirschmann und dem damaligen Zuchtwart, sofort wieder einen Hund, aber noch keinen Schweißhund. Der, der mir damals die „Stange“ hielt, war Armin Armbruster, mein Freund und Nachsuchenlehrer aus Hohenburg. Er wusste, dass ich das Zeug dazu habe, aus meinem kleinen Orgo wieder einen richtig guten Nachsuchenhund zu machen, er alleine gab mir wieder eine Chance. Also geben auch Sie Ihrem neuen Hund eine Chance, ebenso gut und erfolgreich zu werden wie sein Vorgänger!

Wenn man sich, ob nun zum ersten oder wiederholten Male dazu entscheidet, einen Nachsuchenhund auszubilden, spielt auch die Familie eine entscheidende Rolle, immerhin bindet man sich wieder für mindestens 15 Jahre. Nicht Sie allein dürfen diese Entscheidung treffen, diese Entscheidung müssen Sie mit Ihrer Frau und den Kindern besprechen, die sind es nämlich, die darunter leiden, wenn Sie oft unterwegs sind, zunächst in der Ausbildung und dann bei den Nachsuchen. Und wie schon im Anfangskapitel erwähnt, hier die nächste wichtige Frage: Haben Sie überhaupt Zeit dafür? Können Sie das mit Ihrer Arbeit und Ihrem Arbeitgeber vereinbaren, dass Sie häufig von der Arbeit weg müssen, um eine Nachsuche durchzuführen? Und wenn Sie einen ganz normalen 8-Stunden-Tag, fünf Arbeitstage die Woche haben, was macht dann Ihr Hund zu Hause? Ich will diese verantwortungsvolle Herausforderung niemandem ausreden, aber genau diese Überlegungen müssen Sie sich dringend und zwingend stellen, bevor Sie sich für einen Schweißhund entscheiden.

Und zu guter Letzt müssen Sie sich (so wie ich nach dieser anstrengenden Nachsuche) auch die Frage stellen: „Sind Sie überhaupt körperlich in der Lage, erschwerte Nachsuchen durchzustehen?“

Hauptsaison

Grau hingen Nebelschwaden über den Wäldern, gleich einem Vorhang, der mystisch und schmucklos die Landschaft versteckt, die einem vor Wochen so vertraut war.

Ein November, wie er sein sollte, ja, sein musste. Ich und mein Orgo waren „mitten im Nachsuchengeschäft“ und fast jeden Tag im Einsatz, ob in den Gemeinschaftsjagdrevieren, im Staatsforst oder auf dem Truppenübungsplatz in Hohenfels. Eigentlich hatte ich beschlossen, nicht mehr so viel Nachzusuchen durchzuführen … eigentlich!

Im Jahr 2019 war meine Frau den ganzen November nicht zu Hause; sie hatte sich schon im Sommer für einen Kurs auf Mallorca angemeldet. Ich gebe zu, für mich war die erste Woche die Hölle, noch nie waren wir so eine lange Zeit voneinander getrennt. Als Mann macht man sich da schon seine Gedanken, zumindest ich. Immerhin bin ich mehr als mein halbes Leben lang mit dieser Frau zusammen, wir haben viele Höhen und auch etliche Tiefs durchlebt. Trotz all dieser Jahre muss ich sagen, was Besseres als diese Frau ist mir noch nicht passiert.

Natürlich hatte ich für diesen Monat Urlaub genommen, jemand musste sich schließlich um die Pferde und den Hund kümmern. Vor lauter „Beschäftigungswahn“ hatte ich angefangen, unsere Wohnung zu streichen, eigentlich wollte ich nur den Eingangsbereich etwas bunter gestalten. Mir war dieses sterile Weiß einfach zu wenig, meiner Karin aber gefiel es, wie es war. Selber schuld, sagte ich mir eines Morgens, wenn sie nicht da ist, lasse ich meiner Kreativität mal freien Lauf! Mittlerweile hatte ich den Eingangsbereich, das Badezimmer, die Toilette und das Wohnzimmer in total knalligen, modernen Farben gestrichen. Ich war schon gespannt, was sie sagen würde, wenn sie Ende November nach Hause kam!

Trotz dieser Beschäftigungstherapie als Maler wäre ich wahrscheinlich in ein gedankliches Loch gefallen, hätte ich nicht die Jagd und meine Leidenschaft, die Nachsuche, gehabt.

Am 25. November hatte mich Armin, ein guter Freund und Förster auf dem Truppenübungsplatz Hohenfels, zum gemeinsamen Nachmittagsansitz zu sich ins Revier eingeladen. Nachdem ich bei den Bewegungsjagden immer als „Beunruhiger“ unterwegs bin, habe ich auch nicht die Möglichkeit, mir mein Stück Rotwild selbst zu schießen. Klar könnte ich mir ein Kalb vom Streckenplatz kaufen, aber wenn alle zu Weihnachten beim Essen am Tisch sitzen, möchte ich sagen können: „Das ist ein Rotwildkalb von Hohenfels, das ich selbst geschossen und zerlegt habe!" Und so gibt mir Armin auch jedes Jahr die Möglichkeit, selbst ein Kalb zu schießen.

Armin und ich verabredeten uns an besagtem Tag um 13:00 Uhr am Tor zur Einfahrt zum Truppenübungsplatz. Ich freute mich richtig auf diesen Nachmittag, einfach mal nichts tun, keine Arbeit, nur Jagd, und noch dazu in einem Rotwildrevier.

Die Bewegungsjagden, die hier seit Oktober fast zweimal wöchentlich stattgefunden hatten, waren von den Streckenergebnissen eher schlecht gewesen, und so mancher Jagdgast, der sich schon eine „Abschussgarantie" erhofft hatte, war am Abend mit einem langen Gesicht am Streckenplatz gestanden. So ist es halt! Eine Garantie gibt es bei der Jagd nicht, egal wie viel du bezahlt hast. Auch wenn es keine „Abschussgarantie" gab, war ich mir sicher, dass Armin mir einen vielversprechenden Platz geben würde.

Ich war gerade im Keller, um meinen Waffenschrank zu öffnen, die warmen Klamotten hatte ich schon ins Auto geräumt, als ich oben mein Handy klingeln hörte.

Mittagszeit, dachte ich mir noch, das war bestimmt meine Frau, die mir von ihrem gestrigen Tag erzählen wollte. Die Nummer am Display kannte ich nicht und meldete mich mit: „Ja bitte?"

Ich wusste zuerst nicht, wer dran war, im Laufe des Gesprächs konnte ich seinen Namen jedoch zuordnen. Es war Werner, ein flüchtig bekannter Jäger, für den ich schon mal eine Nachsuche durchgeführt habe. Bei den vielen Weidgenossen, die ich kenne, muss ich manchmal nachfragen, bevor der Groschen fällt.

Werner erzählte: „Wir haben heute einen Rapsacker bejagt, ein Landwirt wollte seinen Raps unterpflügen, und als er gerade damit angefangen hatte, sah er, dass Schweine drinnen sind. Er hat den Revierpächter verständigt, und so haben wir das Feld umstellt. Fünf Sauen liegen und eine schweißt, hast du Zeit, kannst du kommen?"

Eigentlich hatte ich keine Zeit, ich wollte nach Hohenfels und endlich selber einmal jagen, aber das dachte ich mir nur und hörte ihm weiter zu.

In seiner Stimme hörte ich noch deutlich die Aufregung, wie aufgeputscht klang er, die Sätze überschlugen sich, sodass ich Schwierigkeiten hatte ihm gedanklich zu folgen. Bruchstückhaft hörte ich bekannte Ortsnamen, die aber zunehmend unvertraut wurden.

„Werner, sprich etwas langsamer und deutlicher, wo bist du? In der Nähe vom Brombachsee?"

„Ja, genau, in Enderndorf beim Harald im Revier!!!" Wieder fing er an, alles noch einmal zu erzählen, bis ich ihn unterbrach.

„Werner, pass auf, ja, ich bin zu Hause und ich kann kommen, den Jagdpächter kenne ich nicht, wo wollen wir uns treffen?"

Enderndorf ist ein kleines Nest direkt am Ostufer vom Brombachsee, von mir zu Hause hatte ich bestimmt eine Fahrzeit von 30 Minuten, also kürzte ich dieses hibbelige Gespräch mit Werner ab und verabredete mich mit ihm um 14:00 Uhr in der Ortsmitte.

Kaum hatte ich mein Handy weggesteckt, fiel mir Armin ein, verdammt noch mal, ich hatte mich so gefreut! Also nahm ich das Telefon wieder raus und sagte ihm kurz und knapp ab. Er hatte für meine Entscheidung vollstes Verständnis, klar, ist er doch ein genauso „Verrückter" wie ich, der für eine Nachsuche alles stehen und liegen lassen würde.

Ich blickte um die Ecke ins Esszimmer, wo mein Orgo seiner Lieblingsbeschäftigung nachhing. Völlig entspannt lag er in seinem Körbchen, ließ den Kopf über den Rand hängen und schnarchte vor sich hin. Als ich ihn so beobachtete, begann bei mir die gedankliche Vorbereitung auf unsere bevorstehende Suche: „Brombachsee! Ziehe ich Gummistiefel an oder meine Bergschuhe? Gott sei Dank hab ich mit meiner Büchse noch einen Kontrollschuss gemacht, nachdem ich mein Leuchtkorn bei der letzten Suche abgerissen hatte! Hab ich alles in meiner Nachsuchenkiste? Ich darf das GPS-Gerät nicht vergessen, das hängt noch im Keller zum Aufladen!"

So in Gedanken versunken fand ich mich erst wieder, als ich die Kombination für meinen Waffenschrank eingab. Mittlerweile hatte auch Orgo mitbekommen, dass sich an meinem täglichen Ablauf etwas geändert hatte und stand schwanzwedelnd neben mir im Keller. „Ja, mein Dicker, wir suchen verwund die Sau!"

Der Treffpunkt war nicht schwer zu finden, nicht weil der Ort so klein war, sondern weil der ganzen Hauptstraße entlang Geländefahrzeuge parkten. Hier musste ich richtig sein, dachte ich mir noch, als ich vorne an der Wirtschaft auch schon einen grün bekleideten Herrn sah, der wild mit den Armen fuchtelte. Offenbar galt das mir, und als ich bei ihm angekommen war, hatte ich auch wieder ein Gesicht zu seinem Namen.

„Hallo Werner, hier bin ich!", sagte ich mit einem Blick in den Hof der Wirtschaft, wo eine Gruppe von Männern in orangen bzw. gelben Warnjacken andächtig um fünf tote Schweine herumstand.

„Schön, dass es so schnell bei dir ging!", begrüßte mich Werner. Einer der Männer im Hof kam auf mich zu, und Werner stellte ihn mir als den Jagdpächter vor.

„Von mir aus können wir gleich los, um fünf Uhr wird es dunkel!", meinte ich kurz und bündig – ich bin nicht der Typ für lange Reden und das Philosophieren, wie der Vormittag gelaufen ist. Mit dem Jagdpächter vereinbarten wir, dass Werner mich begleiten und ich mich wieder melden würde.

Ich nahm Werner in meinem Auto mit, so konnte ich alle für mich relevanten Fakten schon erfragen, anstatt mich erst am Anschuss einweisen zu lassen, das sparte kostbares Tageslicht.

Wie Werner schon erzählt hatte, war das Rapsfeld großräumig umstellt worden, der Bauer hatte mit seinem Traktor den Raps platt gefahren, und nach und nach waren die Sauen gesprungen. Werner hatte an einem abgeernteten Hopfenacker gestanden und 150 Meter rechts von sich eine Sau aus dem Raps kommen sehen. Nachdem er genügend Zeit gehabt hatte, hatte er an einer Hopfenstange angestrichen und die Sau auf ca. 100 Meter beschossen.

„Das ist aber sportlich!", dachte ich so für mich, eine Sau, es soll ein Überläufer gewesen sein, im vollen „Galopp" auf 100 Meter zu beschießen!

„Also, wir haben Schweiß, wo ich abgekommen bin, kann ich nicht sagen, aber ich war voll drauf! Ich habe auch schon mit meinem Hund kurz gesucht, aber der kann das nicht und will immer rüber in den Staatswald!", ergänzte Werner.

Vorbei an einzelnen Gehöften ging es in ein Tal mit unzähligen abgeernteten Hopfenfeldern, unwirklich und kahl standen die Stangen und Drähte, die als Rankhilfen gedient hatten, in der Novemberlandschaft.

„Da drüben ist der Rapsacker, und ca. 100 Meter von hier entfernt bin ich gestanden und habe hinuntergeschossen!"

„Alles klar, Werner, ich mach mich und meinen Hund schnell fertig, und dann zeigst du mir, wo ihr Schweiß gefunden habt!"

Ich warf noch schnell einen Blick auf das GPS-Gerät, ob es den Hund anzeigte, schwang meinen K98 auf den Rücken und los ging es.

Wir gingen mitten in den Hopfengarten, das Unkraut wuchs hier ziemlich hoch, sodass ich Werner fragte: „Hast du bei diesem Gestrüpp überhaupt das Schwein gesehen?"

„Beschossen hab ich es da drüben, als es über den Weg wechselte. Hier haben wir den ersten Schweiß gefunden", antwortete er mir und zeigte vor sich auf das Unkraut.

Ich sah nichts, das musste aber auch nichts heißen, denn mir war schon klar, dass nicht nur Werner mit seinem Hund, sondern auch bestimmt noch der Jagdpächter und wer weiß wer noch alles das nähere Umfeld zertreten hatte. Irgendwie schon verständlich, aber einem Schweißhundeführer hilft das nicht wirklich weiter. Ich legte mit einem „Such vorhin verwund!" meinen Orgo zur Fährte. Schon hatte er die Lefzen im Kraut, das teilweise kniehoch war, und fiel nach kurzem Bögeln eine Fährte an.

„Ja genau, da ist die Sau rüber, mein Hund wollte da vorne immer nach links, aber da ist der Staatswald!", redete Werner drauflos, in seinem Eifer lief er schon zwischen mir und meinem Hund. Deshalb bat ich ihn: „Nicht vor mir laufen, Werner! Es sei denn, du willst die Sau abfangen. Du kannst schon mitkommen, aber bleib hinter mir und meinem Hund!"

So sehr ich mich auch bemühte, irgendwelche Pirschzeichen oder Schweiß zu finden – nichts, aber mein Hund gab mir durch sein Verhalten zu verstehen, dass wir richtig waren. „Brav, mein Dicker, such verwund die Sau!"

Wir durchquerten diesen Hopfengarten, gingen hinein in den nächsten, nach ca. 500 Metern schlug Orgo einen 90-Grad-Haken nach rechts, genau in die Richtung, die mir Werner beschrieben hatte. Kurz nach dem Haken verwies mein Hund deutlich und intensiv. „Brav, mein Hund, lass sehen verwund!!"

Hier im Kraut erkannte ich deutlich den ersten Schweiß. Dunkelrot, handtellergroß, ich hatte den Eindruck, die Sau wäre hier kurz stehengeblieben, eindeutig ein Tropfbett. „Weiter verwund, mein Dicker!", rüdete ich Orgo weiter an.

Werner hatte meinen Ratschlag befolgt und lief still wenige Meter hinter mir. Unmittelbar bevor es in den Staatsforst ging, erkannte ich auf dem hellen Schotterweg wieder ein paar Tropfen Schweiß. (An dieser Stelle ein praktischer Ratschlag, sollten Sie bei großen Jagden nachsuchen: Verlassen Sie sich nie auf Schweiß, den Sie auf einem Hauptweg finden, meistens ist es Schweiß von abtransportiertem Wild! Um das zu unterscheiden, braucht es eine Menge Erfahrung.)

Ohne Halt ging es hinein in den Wald, danach steil in einen Graben hinunter. Unten angekommen, standen wir vor einer großen Suhle, die frisch angenommen war. Wieder intensives Verweisen von meinem Orgo, durch den vielen Dreck und Schlamm konnte ich jedoch nichts erkennen. Halt … doch, da! Am anderen Ende, ganz frisch, zwei Schalenabdrücke von einem Schwein, das musste sie sein, der Schalenabdruck war höchstens eine Stunde alt. „Brav, mein Hund, such weiter verwund die Sau!"

So wie es vorhin runtergegangen war, ging es am anderen Ende wieder hinauf, dermaßen steil, dass ich mich an allem festhielt und nach oben zog, was gerade zu greifen war.

Am halben Hang ging es in eine Fichtenverjüngung, die derart mit Brombeerranken überwuchert war, dass ich mich entschloss, hindurchzukriechen.

Meinen K98 hatte ich vorsichtshalber vom Rücken genommen, um besser kriechen zu können, den Schweißriemen unter mir, kämpfte ich mich dem Verlauf des Riemens hinterher, meinen Orgo konnte ich in diesem Verhau nicht sehen.

Plötzlich schnellte der unter mir liegende Schweißriemen unter mir durch, als wäre ein Bulle daran angebunden, im letzten Moment konnte ich noch das letzte Stück vom Schweißriemen ergreifen. Gleichzeitig hörte ich den bösen, giftigen Laut von meinem Orgo und das Krachen von Ästen. Ich sprang auf, in der einen Hand den Schweißriemen, in der anderen meinen K98. Diesen versuchte ich wieder zu schultern, damit ich sofort mein Abfangmesser ziehen konnte. Wie ein Ochse hing mein Hund im Riemen und gab Laut. Mit dem Messer in der Hand sprang ich zu meinem Hund und vernahm ein lautes Brummen und Grunzen von der Sau, die unmittelbar vor mir wegbrach. Links von mir erkannte ich die Warnweste von meinem Hund. Als ob ich ein Huhn fangen wollte, hechtete ich zu Orgo, packte ihn am Brustgeschirr und öffnete die Öse. „Fass die Sau!" Mit diesen Worten zog ich ihm sein Brustgeschirr ab, wie eine Bulldogge, die in den Kampf zieht, sprang mein Hund der Sau hinterher. Sekunden später Hatzlaut, der den Hang hinaufzog.

„Helmut, wo bist du, ist alles okay? Ich habe die Sau gehört, dein Hund ist weg, wo bist du?"

„Alles gut, Werner, ich bin hier, geh du zu deinem Auto und warte, bis ich dich anrufe, ich gehe zu meinem Hund!"

Ich stand inmitten dieser Dickung, Blut lief mir über die von Dornen zerkratzten Wangen, und horchte in den Wald hinein. Doch das Einzige, das ich hörte, waren die Schritte von Werner, der zu seinem Auto lief. Vollgepumpt mit Adrenalin zerrte ich an meiner Brusttasche, um an mein GPS-Gerät zu kommen. Der Kompasspfeil zeigte geradewegs den Hang hinauf, 500 Meter, die Entfernung wuchs.

Ich steckte mein Messer weg, überprüfte nochmal meine Ausrüstung und machte mich auf den Weg, immer dem Pfeil meines Garmins nach. Eile hatte ich keine, das habe ich mir im Laufe der vielen Jahre abgewöhnt, denn ich weiß, dass mein Orgo beim Stellen immer gut Abstand hält und nie die Bail verlässt. Deshalb ging ich zwar schnellen Schrittes, aber nicht rennend dem Pfeil nach, um für einen Fangschuss ruhig genug zu sein. „700 Meter, Orgo stellt Beute!", stand auf dem Display.

Mit jedem Schritt, den ich näher kam, hoffte ich den Ruf meines Hundes zu hören, aber nichts, nur der Pfeil auf dem Display zeigte wie angenagelt den Hang hinauf. Oben angekommen war ich total fertig. Schweißgebadet und schnaufend stützte ich die Ellenbogen auf meine Oberschenkel, ich spürte die Schmerzen in meinem Gesicht, zog mir den Handschuh aus und wischte mir über die Wange. Doch meine Hände waren blutig, und der Schweiß, den ich durch das Darüberwischen auf den Kratzern verteilte, verstärkte die Schmerzen noch mehr. Mir fiel sofort meine Frau ein, die mich nicht wieder mal so sehen musste, weil sie Gott sei Dank nicht zu Hause war.

Endlich, Hundelaut, deutlich vor mir. Das holte mich wieder auf die Fährte! Im Gehen steckte ich mein GPS-Gerät in die Brusttasche und holte meine Nachsuchenbüchse vom Rücken, repetierte eine Patrone ins Patronenlager und drehte die Flügelsicherung nach rechts. Die Büchse in der Hand, näherte ich mich der Fichtendickung vor mir, aus der unaufhörlich der Ruf meines Hundes kam.

Nun drehte ich die Flügelsicherung in die Mittelstellung und ging in diese Dickung, immer Richtung Hund.

Vor mir Bellen, Grunzen und Zähneklappern, aber keine Sicht. Langsam ging ich weiter, duckte mich, um vielleicht in Bodennähe mehr zu sehen, aber nichts. Ich war höchstens zehn Meter vor der Bail, hatte längst die Büchse entsichert und in Vorhalte. Plötzlich vor mir Bewegung, die Bail brach aus!

Ich holte wieder mein Garmin raus, und schon nach kurzer Zeit war die Hatz 800 Meter entfernt!

Wieder das gleiche Spiel: Büchse unterladen, Ausrüstung kontrollieren, Blick auf das GPS-Display: 1200 Meter und noch kein Stellen, die Bail entfernte sich immer weiter von mir.

Ich blieb stehen, mein Blick war wie gebannt auf dem Display, und als ob ich es schon erwartet hatte, stand da: „Keine Verbindung zu Orgo."

Ich musste höher rauf, um wieder Verbindung zu haben, es ging immer weiter bergauf, meine Oberschenkel brannten, in meiner Hosentasche vibrierte mein Telefon. Ich erkannte die Nummer von Werner. „Werner, ich hab keine Zeit, ich melde mich bei dir, warte einfach auf meinen Anruf!" Ohne eine Antwort abzuwarten, legte ich wieder auf.

Auf der Höhe hatte ich meinen Hund wieder auf dem Display: „4200 Meter, Orgo stellt Beute."

Im Tal sah ich links von mir in etwa einem Kilometer Entfernung eine kleine Ortschaft. Nachdem ich fremd in diesem Gebiet war und sowieso die Orientierung verloren hatte, entschied ich mich, in dieses Dorf zu laufen und mich dort von Werner abholen zu lassen.

Ich war kaum den halben Hang hinuntergegangen, als die Verbindung zu meinem Hund erneut abbrach, trotz all der Anstrengung und dem Wissen, dass mein Orgo alleine bei der Sau war, hatte ich eine unglaubliche innere Ruhe. Irgendwie habe ich in solchen Situationen trotz räumlicher Trennung eine Verbindung zu meinem Hund. Wir sind ein Gespann, das die Beute vor sich hat, und nur darum geht es noch, gemeinsam Beute zu machen. Ich bin nicht im kirchlichen Sinn, aber tief in meinem Bewusstsein ein gläubiger Mensch – in solchen Momenten glaube ich ganz fest daran, dass Gott auf uns aufpasst.

Durch Fichtenaltholz ging ich den Hang hinunter, den ich zuvor so mühsam auf der anderen Seite hochgestiegen war, und kam im Tal auf einer Wiese an, um festzustellen, dass die Ortschaft weit mehr als einen Kilometer entfernt war. Nach einer gefühlten Ewigkeit stand ich am Ortsschild.

Der erste Blick auf mein Handy galt der Uhrzeit. Verdammt spät! Schon 16:00 Uhr, mein Orgo war schon seit mehr als einer Stunde an der Sau! Ich rief Werner an, der auch sofort dran war. „Werner, ich steh beim Feuerwehrhaus, komm und hol mich ab!", bat ich ihn, und wieder wartete ich nicht auf seine Antwort. Die mich kennen, empfinden das nicht als unfreundlich, ich halte mich, wenn ich im Einsatz bin, eben nicht mit Nebensächlichkeiten auf. Noch immer hatte ich keine Verbindung zu meinem Hund; als ich oben am Berg welche hatte, war er bei der

Sau, und so wie ich ihn kenne, würde das noch immer so sein. Das Licht schwand von Minute zu Minute, wir hatten noch höchstens eine halbe Stunde Zeit, um der Sau den Fangschuss anzutragen.

Ein grüner Lada bog um die Ecke, darin saß nicht Werner, sondern Fritz, ein guter Bekannter. Er ist der Revierpächter vom Nachbarrevier Enderndorf und begrüßte mich mit den Worten: „Der Werner hat mir sein Auto gegeben und gesagt, ich soll dir helfen, weil wir beide schön öfter Schweine umgebracht haben!“

„Servus, Fritz, wir müssen vier Kilometer nach Osten, da ist mein Hund!“, war meine Begrüßung.

Ich lotste Fritz mithilfe meines GPS-Geräts über Feld- und Waldwege. Endlich hatte ich wieder Verbindung zu meinem Hund, und wie vermutet, hatte sich an seinem Standort nichts geändert. Ohne die Gegend zu kennen, wusste ich, was mich erwarten würde: ein großer Dickungskomplex, das bevorzugte Zuhause von Schweinen, und mein Hund mittendrin.

Laut GPS mussten wir noch einen Kilometer nach Norden. „Fritz, wir müssen nach links! Da vorne, die Rückegasse, die nehmen wir!“

Es ging steil bergauf, wegen der tiefen Fahrspuren von Erntemaschinen, Ästen, die der Harvester in der Gasse liegen gelassen hatte, und anderen Unebenheiten schüttelte es uns im Auto ordentlich durch, wir kamen nur im Schritttempo voran – immer weiter die Rückegasse hinauf, noch 500 Meter, die Gasse wurde immer schlechter, rechts war der Berg, links fiel das Gelände steil ab.

„Das muss ein Lada können, Gott sei Dank ist das nicht mein Auto!“, grinste mich Fritz an.

Und als ob das Auto das gehört hätte – ein Schlag, und wir saßen auf der Achse auf und kamen weder vorwärts noch rückwärts weiter.

„Fritz, mach den Motor aus, ich muss horchen!“ Ich öffnete die Beifahrertür und hörte sofort 200 Meter vor mir im Hang das Geläut meines Hundes. Mir stellte es die Nackenhaare auf! Er gab einfach nicht auf, selbst nach so langer Zeit war er immer noch an der Sau!

„Fritz, du musst alleine klarkommen, ich geh zu meinem Hund!“, rief ich ihm noch zu, packte meine Waffe und stieg den Hang hinauf. Plötzlich – nun wieder direkt unter mir, steil unten im Hang, hörte ich Standlaut! Doch aufrecht gab es hier kein Durchkommen – Brombeerranken, Fichten, Douglasien –, vor mir waren nur „Tunnel“, die sich die Schweine im Laufe der Jahre angelegt hatten.

So stand ich vor diesem riesigen Labyrinth, nahm die Büchse vom Rücken, repetierte eine 9,3 x 62 ins Patronenlager, stellte die Flügelsicherung in Mittelstellung und kroch dem Laut meines Hundes entgegen.

Fast keine Sicht mehr, es war draußen schon schlecht, aber hier drinnen würde es schwierig werden, einen Fangschuss anzutragen. Egal, darüber konnte ich nachdenken, wenn es so weit war. Wichtig war jetzt, dass mein Hund wusste, dass ich bei ihm war, so lange es auch dauern mochte, er konnte sich wie immer auf mich verlassen, genauso wie umgekehrt.

Orgos Geläut klang ganz ungewohnt hell, fast schon heiser, zwischendurch vernahm ich auch ein tiefes Brummen von meinem Hund unmittelbar vor mir. Ganz bewusst rüdete ich ihn mit lauter Stimme an: „Wo ist die Sau, mein Dicker, gib Laut, zeig mir die Sau!"

Manche werden jetzt die Hände über dem Kopf zusammenschlagen und sagen: „Man muss sich doch ganz vorsichtig und still der Bail nähern, damit einen die Sau nicht bemerkt!"

Ich habe unzählige Nachsuchen auf Wildschweine beendet, mit der Waffe oder mit dem Messer. Wenn mein Hund für mich – und er tut dies nicht nur wegen des Beutetriebs, sondern für mich – stundenlang eine Wildsau stellt, soll er wissen, dass ich als sein Gefährte nach all der Mühe gekommen bin, um ihm zu helfen. Da ist mir die Sau erstmal egal, was will sie auch machen, davonlaufen oder mich annehmen? Für beide Möglichkeiten bin ich gerüstet. Und ich wiederhole mich: Wenn Sie, aus welchen Gründen auch immer, das, was ich hier schildere, nicht machen können oder es sich nicht zutrauen, sollten Sie sich noch einmal überlegen, ob Sie Nachsuchenführer werden wollen. Denn irgendwann werden Sie, sofern Sie in ähnlichen Revieren zum Einsatz kommen, auch mit solchen Situation konfrontiert werden!

Ein tiefer böser Laut, Zähnefletschen, jetzt erkannte ich die Stimme meines Hundes wieder, er wusste, dass ich hier war. Aber ich hörte nicht nur das: Grunzen, Zähneklappern, Bellen, Brummen, Knacken von Ästen sind die Lautkulisse, zu dieser „Musik" bewegen sich Schatten harmonisch hin und her. Wer das nur einmal erleben darf, wird wie ein Drogensüchtiger nicht mehr davon loskommen, das ist vollendete Jagd.

Längst hatte ich die Waffe entsichert, lag auf dem Bauch, meine Augen suchten über Kimme und Korn die eine Gelegenheit, die oft nur einen Wimpernschlag währt. Ich sah nur Schatten, erkannte nicht, wo vorne oder hinten war, konnte weder Sau noch Hund genau sehen, selbst die Warnweste meines Hundes konnte ich nur manchmal erahnen.

Plötzlich wurden die Bewegungen hektisch, waren nicht mehr harmonisch und gleichbleibend wie vorher beschrieben. Reflexartig ließ ich mein Gewehr los, rollte mich in diesem Tunnel nach rechts hangabwärts, um sofort wieder von Fichtenverjüngung gestoppt zu werden.

Ich richtete meinen Blick sofort nach vorne, mit wetzenden Waffen kam die Sau auf mich zu. Instinktiv schlug ich die Arme über meinen Kopf, um mich so vor dem ersten Angriff zu schützen. Doch die Sau lief schnaubend und polternd an mir vorbei. Gerade noch rechtzeitig erkannte ich die Situation, rollte mich wieder in den Tunnel, weil ich wusste, jetzt kam mein Hund. Im letzten Moment konnte ich ihn an seiner GPS-Halsung packen und festhalten. Mit einem scharfen „Aus verwund, Schluss, bei mir!“ nahm ich meinen Orgo von der Fährte.

Ich hielt ihn fest in meinen Armen und streichelte ihm über sein Haupt. „Brav, mein Dicker, wir hören hier auf, brav, bleib bei mir!“ Bestimmt fünf Minuten lag ich mit meinem Hund in diesem „Schweinetunnel“ und hielt ihn fest.

Ich spürte seinen Willen, die Kraft und seinen Herzschlag, der sich nach und nach normalisierte. Ich redete mit ihm wie mit einem guten Freund, wahrscheinlich werden wenige so mit einem Hund sprechen, weil es eben nur ein Hund ist. „Das ist eine böse Sau, die ist viel zu gesund für uns, mein Großer, das hast du fein gemacht, du bist ein toller Hirschmann!“ Ich war froh und glücklich, dass ich meinen Orgo hier drücken konnte.

Es war Instinkt, jetzt aufzuhören. Jede Suche hat was mit Instinkt und irgendwann hoffentlich mit Vernunft zu tun, meine Entscheidung in dieser Situation war genau die richtige. Den Blick immer an der Beute zu haben, dennoch nicht emotional, sondern hellwach und mit Verstand Entscheidungen zu treffen, das zeichnet einen guten Führer aus.

Erst als ich den Klingelton meines Handys hörte, fasste ich wieder einen klaren Gedanken.

„Helmut, wo bist du, bist du noch immer in der Dickung? Ich bin unten im Tal, da ist ein Forstweg!“

„Ja, Fritz, ich bin noch drin, aber ich habe jetzt aufgehört, ich komme runter zu dir!“

Erst jetzt bemerkte ich richtig, wie dunkel es geworden war! Ich gab Orgo das Kommando „Hinter mir!“ und kroch meinen Weg zurück, mein Hund hinterher.

Unten sah ich schon Fritz mit seinem Handy leuchten, selbst hier im Hochwald hatte die Nacht bereits ihren Arm um den Tag gelegt.

„Die Sau kriegen wir nicht, Fritz, ich hab keine Ahnung, wo der Schuss sitzt, aber die ist immer noch so voller Leben, dass sie die ganze Zeit ausbricht. Das hat keinen Sinn, und außerdem ist es eh schon dunkel!“

„Hast Recht, das wird viel zu gefährlich. Den Lada habe ich nicht mehr flottgekriegt, ich hab einen Bauern angerufen, der kommt mit seinem Traktor. Und Werner kommt mit meinem Auto, um dich abzuholen. Die wissen nur nicht genau, wo wir sind!“

Ich blickte auf mein GPS-Gerät und musste feststellen, dass die nächste Straße gut zwei Kilometer entfernt war, egal in welche Richtung wir gingen.

Fritz und ich kennen uns gut, und obwohl wir auf unserem Weg zur nächsten Straße eine gute Unterhaltung hatten, merkte er, dass ich mit dem Ergebnis des heutigen Tages nicht zufrieden war. „Mach dir keinen Kopf, Helmut, wenn du mal sagst, dass wir aufhören, dann ist die Sau einfach nicht zu kriegen!"

Wenn das so einfach wäre, ich mache mir bei jeder Fehlsuche die gleichen Gedanken und grüble darüber nach, ob ich etwas anders oder besser hätte machen können, denke an das Tier, das wir nicht gekriegt haben und das jetzt voller Schmerzen in einer Dickung liegt. Diese Gedanken begleiten mich tagelang.

Unser nächtlicher Spaziergang zog sich ganz schön in die Länge, immer wieder schaute ich zur Bestätigung auf das Display. Normalerweise springt mein Hund immer mindestens 30 Meter vor mir auf dem Forstweg, wenn wir zurücklaufen, heute jedoch blieb er immer bei Fuß. Ich machte mir darüber keine Gedanken, hatte er doch eine außergewöhnlich lange Hatz und ein ebenso langes Stellen hinter sich.

Ein Traktorgeräusch klang plötzlich durch die Nacht, und kurze Zeit später sprangen in den Lichtkegeln des Traktors die Bäume wie Schatten hin und her. Endlich, dachte ich für mich, ich wollte nur noch heim und abschließen mit dieser für mich nicht zufriedenstellenden Nachsuche, ich freute mich auf eine warme Dusche und ein Glas Rotwein.

Wie abgesprochen fuhr Fritz mit dem Bauern und seinem Traktor weiter, um den Lada zu bergen, ich und Orgo stiegen bei Werner ins Auto, um zu meinem Fahrzeug zu kommen.

Im Kegel der Scheinwerfer erkannte ich die Hopfenfelder, und kurze Zeit später reflektierte das Licht von meinem Auto unten im Tal.

Die Verabschiedung von Werner war kurz und knapp. Jetzt war wieder Stille um uns herum, nur leise hörte ich das Motorengeräusch von Werners Auto, das sich immer weiter von uns entfernte, bis es völlig von der Nacht verschlungen wurde.

Ich kniete mich hin und suchte in der Dunkelheit mit den Händen nach meinem Hund, um ihm seine GPS-Halsung und seine Warnweste abzustreifen und ihn anschließend ausgiebig zu streicheln. Ich war einfach nur froh, dass wir wieder zusammen waren. Ich spürte seine Nähe und wie er sich an mich schmiegte, und plötzlich wurden meine Hände nass und klebrig!

Ohne etwas zu sehen, wusste ich sofort, was los war, kannte ich doch dieses Gefühl, das ich schon tausendmal gefühlt habe, wenn ich meine Hand auf die Wunde eines toten Wildes gelegt habe, das ich erlöst hatte. Schweiß!

Mir wurde augenblicklich heiß und kalt, ich sprang auf, zerrte an meinen Taschen auf der Suche nach meinem Autoschlüssel und holte meine Taschenlampe heraus. Oh nein! Jetzt, erst jetzt sah ich, dass mein treuer Orgo, der stundenlang alleine mit einer Sau in der Dickung war, eine tiefe, klaffende Wunde an der rechten Keule hatte!

Warum hatte ich nur meinen Hund nicht gleich untersucht, das mache ich sonst doch immer, warum heute nicht? Die ganzen Strapazen, das Stellen, der Weg zur Straße und die Fahrt zurück zum Auto, und ich hatte nichts bemerkt! Ich machte mir selbst Vorwürfe und versuchte gleichzeitig, mich zu beruhigen. Ja, ich hatte nichts bemerkt, kein Klagen von meinem Hund, er hatte nicht auf sich aufmerksam gemacht, nichts, sein Verhalten war – außer dass er ständig bei Fuß geblieben war, völlig normal gewesen.

Am Display meines Handys suchte ich die Nummer von Herrn Watzlik, unserem Tierarzt, der nicht nur mein Hundearzt ist, sondern auch unsere Pferde behandelt. Wie immer war seine Frau am Telefon.

„Hallo, Frau Watzlik, hier ist Helmut Huber, ich war auf Nachsuche und brauche dringend Ihren Mann. Ist er zu Hause oder ist er noch unterwegs!?"

„Ach Gott, Herr Huber, ist wieder was mit Ihrem Hund? Mein Mann ist noch unterwegs bei einem Bauern, aber ich rufe ihn gleich an, damit er heimkommt!"

Mit das Wichtigste für einen Nachsuchenführer ist, dass er einen Tierarzt hat, zu dem er jederzeit kommen kann, um eine Erstversorgung durchführen zu lassen. Ich habe das Glück, dass unser Dr. Watzlik nicht nur die Erstversorgung macht, er kann alles und schickt mich nicht in die Tierklinik. Bei seinen Operationen an Hund und Pferd hat er mich schon öfter als Assistent eingesetzt, selbst kleinere Verletzungen bei mir ließ ich schon von ihm behandeln. Mit ihm habe ich auf der Koppel Hengste kastriert, ich war Geburtshelfer bei Fohlen und habe ihm unzählige Male bei kleineren, aber auch größeren Eingriffen bei meinen Hunden assistiert.

Der Tierarzt stand schon im Hof vor seiner Praxis und erwartete mich. „Na, haben wir wieder mal Hauptsaison?"

„So ist es, Herr Doktor!" Ich legte Orgo auf dem OP-Tisch auf die Seite und hielt mit den Händen seine Läufe fest, mit dem Unterarm fixierte ich seinen Kopf, sodass er weder mit den Läufen schlagen noch kann beißen konnte.

Orgo hatte eine 20 Zentimeter lange, tiefe Wunde an der rechten Keule, der Muskel war bis auf den Knochen durchtrennt! Ich dachte es mir und Dr. Watzlik sprach es aus: „Da habt ihr verdammt viel Glück gehabt, wäre die Verletzung im Brustbereich, hätte der Hund keine Chance gehabt, er wäre sofort tot gewesen! Aber das kriegen wir wieder hin, Hundefleisch heilt schnell!"

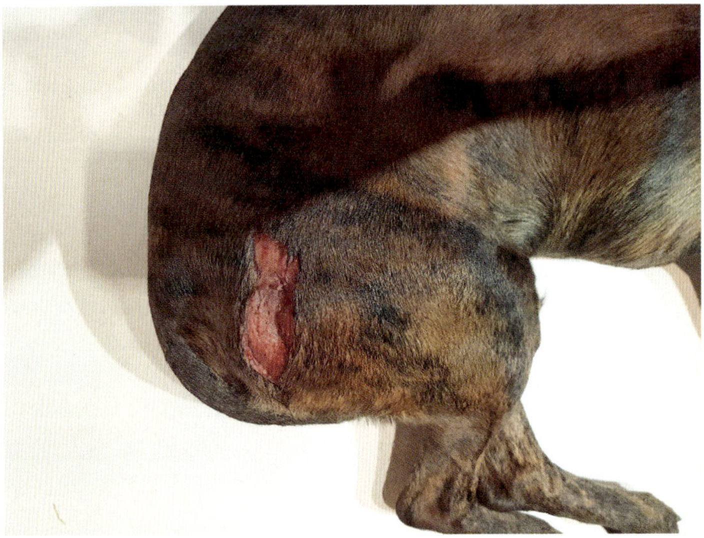

Orgos Verletzung

Fast zwei Stunden operierte er meinen Orgo, den ich wie beschrieben an den Läufen festhielt. Er lag da, ließ alles ohne ein Zucken über sich ergehen, obwohl er nur örtlich betäubt worden war. So gut es ging, streichelte ich ihn und redete wie mit einem guten Freund mit ihm.

„Herr Huber, wir kennen uns jetzt schon lange, Sie haben doch schon einen Hund bei Ihrer Arbeit verloren. Wenn ich euch beide so anschaue und euer Verhältnis sehe, denke ich, dass Sie das langsam sein lassen sollten. Irgendwann kann ich mal nicht mehr helfen!", sagte der Tierarzt so nebenbei zu mir, als er dabei war, Orgos Muskel zu nähen.

„Glauben Sie mir, Herr Doktor, darüber denke ich jeden Tag nach. Aber jede Suche, die wir beenden, bedeutet weniger Leid für ein anderes Tier, ich komm davon nicht los!"

Mein Orgo bekam an diesem Dienstagabend eine Halskrause und drei Wochen Nachsuchenverbot verordnet. Am Freitag waren wir in Hohenfels und hatten eine Totsuche auf einen IIb-Hirsch über eineinhalb Kilometer.

Das kommt Ihnen leichtsinnig, unmenschlich, verantwortungslos vor? Ich finde, es ist nichts von all dem, viele Nachsuchenführer und Vereine denken auch so. Ich finde auch, dass die rechtlichen Bedingungen für Nachsuchen dringend reformiert werden müssten. Es ist zwar schön und gut, dass wir in Deutschland über den Landesjagdverband versichert sind, in Österreich gibt es auch ähnliche Regelungen für jene Nachsuchengespanne, die für Bereichshundestationen tätig sind. Aber das kann nur der Anfang sein. 2019 wurden in Deutschland 400.000 Jagdscheine gelöst, dem steht ein einziger hauptamtlicher Nachsuchenführer entgegen! In den Jagdverbänden überall im deutschsprachigen Raum wird eine Unmenge Geld für Unnützes ausgegeben, nur für den aktiven Tierschutz nicht. In den letzten Jahren haben sich Waffentechnik und Ausrüstung unglaublich weiterentwickelt, warum gibt es keine Weiterentwicklung in Bezug auf grundlegende Dinge wie den Tierschutz?

Meiner Meinung nach wäre es sinnvoll und durchaus machbar, dass sich die Landesjagdverbände, egal ob in Deutschland oder Österreich, hauptamtliche Nachsuchenführer leisten würden. Dann hätten wir Profis und keine selbsternannten Nachsuchenführer, hauptberuflich wären sie jederzeit abrufbar. Bezahlt könnten sie durch die Landesjagdverbände werden. Es hätte einen Synergieeffekt auf die gesamte Jägerschaft. In den „Schonzeitmonaten" könnten die hauptamtlichen Nachsuchenführer Schulungen in den Hegeringen oder Jägervereinigungen durchführen, zum Beispiel Anschussseminare, gesetzliche Grundlagen für eine Nachsuche, Wildfolgevereinbarungen usw.

Die Landesjagdverbände haben so viel Geld (unser Geld), das sie für ehrenamtliche „Pöstchen" verbrennen (ich nenne als Beispiel nur den Skandal im Landesjagdverband Bayern vor einigen Wochen, wo Gelder von Mitgliedern unterschlagen und für private Zwecke verwendet wurden). Diese gut bezahlten ehrenamtlichen Mitarbeiter sind es, die hierfür den Weg ebnen müssten. Das wäre ein deutliches Signal für den Tierschutz und würde die hohe Dunkelziffer an nicht gemeldeten Suchen drastisch senken. Sicher waren viele von Ihnen schon auf Bewegungsjagden, wo 50 und mehr Schüsse gefallen sind, aber am Streckenplatz keine Nachsuchen oder Kontrollen gemeldet worden sind. Wir gehen auf die Straße und protestieren für den Tierschutz, aber für eine (noch) lebende Kreatur haben wir nichts übrig. Diese Abschweifung in die „Jagdpolitik" und meine Meinung dazu zu äußern, war mir jetzt wichtig, vielleicht sind ja viele von Ihnen mit mir einer Meinung und meine Überlegungen geben einen Anstoß für Änderungen im Nachsuchenwesen!

Zum Abschluss ein kurzer Sprung ins heurige Jahr: Als ich am 3. Januar 2020 von der letzten Jagd für die Saison 2019/20 zurückkam, war ich froh, dass es nun wieder etwas ruhiger wird. Eine anstrengende Saison mit 16 Jagdtagen lag hinter mir, ich hatte viel menschlichen Schweiß in Hohenfels gelassen.

Ja, meinem Hund geht es wieder prächtig, alles ist gut verheilt! Und ja, wir machen weiter wie bisher!

Denn für mich gibt es „ein bisschen Nachsuchen" nicht, genauso, wie es auch „ein bisschen schwanger" nicht gibt!

Gedanken

Für mich beginnt die Jagd nach der Jagd, nach dem Schuss, wenn alles Wild verblasen in der Wildkammer hängt und die Jäger beim Schüsseltreiben sitzen. Wenn wieder Stille eingekehrt ist im Wald, und wenn sich eine arme Kreatur ins Wundbett gelegt hat, beginnt meine Arbeit, meine Leidenschaft, die Suche nach diesem Tier.

Ich mag es, wenn wir bis zum Anschuss noch ein Stück Weg zurücklegen müssen und wenn ich keine Begleitung habe. Es liegt immer eine einzigartige Stille an diesen Orten, zu denen mein Orgo und ich uns langsam vorarbeiten. Es liegt etwas Besonderes, fast Geheimnisvolles an diesen Orten, wo jede Fährte ihren Anfang hat.

Kürzlich habe ich gelesen, dass noch nie so viele Jagdscheine gelöst worden sind wie 2018. Ich bin bestimmt keiner dieser Weidgenossen, die bei solchen Meldungen aufschreien und sagen, früher war alles besser. Die mit Neid und Ablehnung auf neue (junge) Jäger hinabschauen. Ich bin kein Verfechter von längst überholten moralischen Vorstellung, im Gegenteil: Innovationen und neue Wege zu gehen stehen für mich ganz oben.

Ich befürchte aber, dass unser Weidwerk zu einem Geschäft verkommt, bei dem nur noch der Konsum zählt. Jagd als Volkssport oder Modeerscheinung – fast könnte man meinen, der Jagd geht es wie so vielen Hunderassen, die einfach gezüchtet werden, weil es einen Markt gibt.

Was ist es, das so viele dazu treibt, den Jagdschein zu machen, ist es Naturliebe? Sicher nicht, denn dazu brauche ich keinen Jagdschein. Ist es die Leichtigkeit, mit der man heute einen Jagdschein bekommt? In Deutschland dauert der Jagdschein in Schnellkursen vier Wochen. Diese werden bundesweit angeboten, und da der Jagdschein in allen Bundesländern gilt, kann jeder ihn ableben, wo er will. In einigen Ausbildungsstätten bekommt man sogar eine „Besteh-Garantie!“ Allmählich verbiegt sich der Blick, gestern war Skifahren „in“, heute wird man schnell mal Jäger! Ist es die Lust oder Macht, eine Waffe zu besitzen und – im Gegensatz zu den Sportschützen – mit dieser auch noch ganz legal töten zu dürfen? Ich will hoffen, dass es viele andere Gründe gibt, nur nicht diesen. Natürlich möchte ich nicht generell „alle in einen Topf werfen“. Denn es gibt zum Glück auch heutzutage viele ernsthaft interessierte junge Jäger, die eine gute Ausbildung absolviert haben und sich auch einen „Lehrprinzen“ der alten Schule suchen!

So viele Jäger es auch gibt, die aus unterschiedlichen Beweggründen auf die Jagd gehen, so sollte doch jedem von uns bewusst sein, dass unser Wild nicht vom Herrgott geschaffen wurde und in der Flur herumläuft, damit wir es töten können. Ich hoffe sehr, dass in Jägerkreisen diesbezüglich ein Umdenken stattfindet!

Wir dürfen nicht zulassen, dass Jagd zu einem Zeitvertreib wie z. B. Joggen wird! Denn das hat dann nichts mehr mit der uns allen bekannten, aber für viele nicht verständlichen Weidgerechtigkeit zu tun! Und dann wird man schon bald nur noch in Büchern über „wahres" Weidwerk lesen können.

Jäger waren wir alle nicht, als wir unseren ersten Jagdschein gelöst haben, aber wir hatten unsere „Lehrherren", und was ganz wichtig ist: Wir wollten Jäger werden.

Ich kann mich noch gut daran erinnern, als ich vor 20 Jahren Jäger werden wollte. Auch ich hatte keinerlei Ahnung von der Jagd, zwei Jahre vorher hatte ich den Angelschein gemacht, mein großer Sohn war gerade geboren. Als junger Vater wollte ich irgendwann mit meinem Sohn zum Angeln gehen. Als ich zwei Jahre später zum zweiten Mal Vater wurde und nun zwei Söhne hatte, waren wir eng mit unserem Försterehepaar befreundet. Und so kam es, wie es kommen musste, für unsere Frauen gab es nur die Kinder, und wir zwei Männer gingen in den Wald. Bei jeder Gelegenheit war ich mit ihm beim Holz-Auszeichnen, wir überprüften die Kirrungen, und später saß ich mit ihm auf der Kanzel und schlug mir die Nächte um die Ohren.

Auch für mich war es damals „geil", den ersten Jagdschein zu lösen, ich hatte ihn mir ja verdient. Heute wird häufig einfach das Fach wiederholt, in dem man durchgefallen ist, wenn überhaupt noch jemand durchfällt. Denjenigen, die heute den Jagdschein machen, darf man keinen Vorwurf machen, es sind unsere gewählten Politiker, die hierfür den Weg ebnen. Einerseits wird ständig darüber diskutiert (und teilweise auch durchgesetzt), das Waffengesetz radikal zu verschärfen, und andererseits komme ich in keinem europäischen Land leichter legal an eine Waffe als in Deutschland, ich muss nur den Jagdschein bezahlen können.

Seien wir mal ehrlich, wer von uns macht sich ernsthaft Gedanken über die Tierwelt? Ich meine das nicht alleine auf Jäger und auf Wild bezogen, das wir Menschen ja als solches definiert haben. Egal ob Jäger oder Metzger oder Verbraucher (Fleischesser) – wir haben die Achtung vor der Schöpfung verloren, wir haben uns die Erde im wahrsten Sinne des Wortes untertan gemacht. Fleisch ist heute so billig wie noch nie, es ist das Lockmittel, um uns in die großen Discounter zu locken, damit wir auf dem Weg zur oder von der Fleischtheke die Einkaufswägen mit all den unnützen Dingen füllen, die wir nicht brauchen. Fleisch ist zur Ramschware verkommen. Bauern überleben nur noch durch Massentierhaltung. Haben Sie gewusst, dass ein Schweinemäster in Deutschland dreimal im Jahr seinen kompletten Stall leeren muss, damit sich die „Tierproduktion" für ihn lohnt? Und damit nicht genug, so paradox und absurd es klingen mag, wir exportieren in Deutschland produziertes Schweinefleisch ins Ausland und importieren dafür wiederum Schweinefleisch hauptsächlich aus den Niederlanden. Qualität bleibt da im wahrsten Sinne des Wortes „auf der Strecke".

Mit Rindfleisch ist es ähnlich, kaufen Sie noch bei einem örtlichen Metzger ein? Und ich meine nicht Supermarktmetzger, denn das hat mit einem „Metzger" im wörtlichen Sinn überhaupt nichts zu tun. Nein, ich meine einen dieser kleinen Metzgerläden, wie es sie noch vor wenigen Jahren in jedem Ort gegeben hat, einen Metzger, der jede Woche sein Vieh noch selbst beim Bauern in der Umgebung aussucht, holt und tierschutzgerecht in seinem Betrieb schlachtet. Wir sind selbst schuld, dass es diese Metzger nicht mehr gibt. Wenn wir bei Umfragen gefragt werden, ob wir bereit sind für Qualität etwas mehr zu bezahlen, sagen 90 % auf jeden Fall, aber gekauft wird hauptsächlich „Aktionsfleisch" im Supermarkt!

Auch unser Wildfleisch wird weit unter Wert gehandelt, denn wir haben es zugelassen. Es ist doch so schön einfach, ein soeben erlegtes Reh sofort dem Wildbrethändler zu bringen, anstatt es selbst zu verarbeiten und zu einem Preis zu verkaufen, der für eine solche Spezialität angemessen wäre. Vom Wildbrethändler bekommen wir zwar weniger Geld (gerade mal 1 € pro Kilogramm Wildschwein!), aber dafür haben wir keine Arbeit.

Haben wir mit unserem Jagdschein nicht auch ein bisschen Verantwortung erworben? Wenn wir schon an der „Lebensmittelindustrie" (was für ein Wort!) nichts ändern können, sollten wir uns zumindest darauf besinnen, dass Wild keine Ramschware, sondern höchste Qualität ist. Mehr „BIO" als Wildbret kann Fleisch nicht sein! Wild als Lieferant von Fleisch höchster Qualität und der Jäger muss dieses Fleisch auch als solches anbieten – unter diesen Gesichtspunkten sollten wir die Jagd auch einmal betrachten! Denn auch wenn ich mich wiederhole: Wild ist nicht nur zum Töten da! Alles um uns herum hat eine Bestimmung und seine Daseinsberechtigung, es wäre schön, wenn wenigstens wir das verstehen und würdigen.

Wir definieren „jagdbare" Wildarten, Tierarten, die wir jagen und die zumindest früher gegessen wurden, darum ist man ursprünglich auf die Jagd gegangen. Heute sehen wir uns in erster Linie als „Regulator". Wir maßen uns auch noch an zu behaupten, das, was wir tun, sei gut und richtig, wir würden im Sinne des Naturschutzes handeln. Wir könnten damit anfangen zu lernen, im Einklang mit der Natur zu leben. Zu wissen, dass Tiere oft viel liebevoller mit ihrem Nachwuchs umgehen als wir Menschen. Es ist keinem Muttertier egal, wenn es seinen Nachwuchs verliert, Muttertiere sind keine gefühllosen Kreaturen. Niemand weiß das besser als ich, ich habe oft genug gesehen, wie eine Mutter ihren Nachwuchs verteidigt hat.

Jagd ist wichtig, wir müssen und sollen auch jagen, Beutemachen gehört dazu. Aber worum es mir geht: Jeder Jäger sollte mit Respekt vor der Kreatur jagen. Die Jagd und alles, was dazugehört, bereitet einem Jäger die schönsten Erlebnisse und begleitet ihn ein Leben lang. Andere beneiden uns darum oder kritisieren uns dafür, meistens die, die nichts davon verstehen. Lasst uns nicht nur darüber reden, dass wir Naturschützer sind, sondern beweisen wir es unseren Kritikern auch.

Es ist mir schon bewusst, dass viele von uns genauso denken und handeln, aber viele eben nicht. Letzte Woche sah ich auf einem Auto einen Aufkleber, auf dem stand: „Und wenn es Gott doch gibt?" Was ist, wenn wir für unser Tun irgendwann mal die Rechnung bekommen?

Denn wenn wir es mal ganz ehrlich betrachten, Hand aufs Herz: Bei den vielen Gesellschaftsjagden, die im Herbst durchgeführt werden, gibt es da wirklich immer „Achtung vor der Kreatur"? Unsere Ausrüstung wird immer professioneller, diese technischen und materiellen Neuerungen nehmen wir gerne an und gebrauchen sie, aber wie sieht es mit der Achtung vor der Kreatur, Weidgerechtigkeit, Naturschutz und Tierschutz aus? Jeder von uns sollte nach jeder Jagd ruhigen Gewissens heimgehen und sagen können: „Heute hatte ich einen schönen Tag!" Auch wenn ein Jagdtag nicht immer mit einer Beute gekrönt wird, sollte jeder Jäger froh und dankbar sein, an der Natur teilhaben zu können!

Weidmannsheil!

Anhang – Jagdhundewesen in D, A, CH

Allgemeines, Prüfungsbestimmungen und Web-Adressen

DEUTSCHLAND

Jagdgebrauchshundeverband e.V. (JGHV e.V.)

Der Dachverband für das Jagdhundewesen in Deutschland schließt alle Vereine zusammen, „die durch Prüfung, Zucht und belehrende Tätigkeit für die Beschaffung brauchbarer Jagdhunde sorgen …"

Das sind über 300 Vereine und Verbände, in denen ca. 180.000 jagdhundeführende Jäger organisiert sind. Mitglieder: Jagdgebrauchshundvereine, Zuchtvereine für Jagdgebrauchshunde, Kreisgruppen und Jagdvereine der Landesjagdverbände, Landesjagdverbände, assoziierte Vereine des Auslandes.

Die Aufgaben und Ziele des Verbandes reichen von der Festsetzung gemeinsamer Prüfungsordnungen und dem Erstellen von Richtlinien für die Ausbildung von Verbandsrichtern bis hin zur Führung des Deutschen Gebrauchshund-Stammbuches, der Erarbeitung neuer jagdkynologischer Erkenntnisse zum Nutzen der Jagdgebrauchshundearbeit und der Vergabe von Auszeichnungen und Ehrengaben an verdiente Vereine, Züchter sowie Führer von Jagdgebrauchshunden.

Auf der Homepage sind unter „Mitgliedsvereine" Zuchtvereine, Jagdgebrauchshundevereine, Kreisgruppen, Kreisjägerschaften, Landesjagdverbände und Vereine im Ausland angeführt.

► Quelle: www.jghv.de

Sämtliche Jagdhundevereine in Deutschland sind hier aufgelistet:

► www.deutsches-jagdportal.de/portal/index.php/service/jagdhund/jghv-pruefungen

Prüfungen

Neben den rassespezifischen Prüfungen gibt es ländereigene Brauchbarkeitsprüfungen, die auf Grundlage des Bundesjagdgesetzes festgelegt sind.

Für Schweißhunde, die zum fermen Jagdgebrauchshund ausgebildet werden, sind Vorprüfung und Hauptprüfung nötig, zusätzlich kann eine Wesensprüfung abgelegt werden.

Vorprüfung auf einer jagdnahen Fährte, ohne Schweiß mit Schalen von Rot-, Dam- oder Schwarzwild und dem Fährtenschuh getreten, mit Haken, Wundbetten und Verweiserpunkten; Prüfungsfächer: Vorsuche, Riemenarbeit, Riemenführigkeit und Gehorsam, Ablegen und Schussfestigkeit. Hauptprüfung auf natürlicher Wundfährte, zugelassen sind Schweißhunde mit erfolgreich abgelegter Vorprüfung, Bedingung ist das Führen der jährlichen Leistungsnachweise und Abgabe beim Prüfungswart; Prüfungsfächer: Riemenarbeit auf kalter Wundfährte, Hetze, Standlaut und Stellen.

► Quelle: www.schweisshunde-deutschland.de

Für fast jede Jagdhunderasse gibt es eigene Vereine oder Clubs, diese sind online gut zu finden, dort findet man Kontaktadressen und Informationen darüber, welche Prüfungen nötig sind, z. B. auf:

► www.deutscher-jagdblog.de/die-brauchbarkeitspruefung-jagdhunde/

ÖSTERREICH

Österreichischer Jagdgebrauchshunde-Verband (ÖJGV)

Vereinszweck und Ziel: Aus- und Weiterbildung im Jagdhunde- und Jagdhundeprüfungswesen gemeinsam mit den Rassespezialvereinen und den Jagdhundeprüfungsvereinen, Aus-, Fort- und Weiterbildung der Leistungsrichter, Zusammenarbeit mit den Jägerschaften und der Jagd Österreich sowie dem Österreichischen Kynologenverband (ÖKV) und der Federation Cynologique International (FCI).

► Quelle: www.oejgv.at

Prüfungen

Um Jagdhunde für ihren zukünftigen Aufgabenbereich auszubilden, sind die jeweiligen Prüfungsordnungen den rassespezifischen Anforderungen angepasst. Schweißhunde werden zunächst einer Anlagenprüfung unterzogen (hier steht die genetische Veranlagung und nicht die Ausbildung der Hunde im Vordergrund – für die Zucht von nicht geringer Bedeutung). Leistungsprüfungen (je nach Hunderasse Gebrauchs-, Haupt- oder Vollgebrauchsprüfung) werden in das österreichische Leistungsbuch für Jagdhunde eingetragen.

► Quelle: www.schweisshunde.at

Die Führung und der Einsatz von Jagdhunden sind durch die jeweiligen Landesjagdgesetze festgelegt. Zum Beispiel besagt § 58 des OÖ-Jagdgesetzes, „dass der Jagdausübungsberechtigte für jedes Jagdgebiet je nach Größe eine bestimmte Anzahl an brauchbaren Jagdhunden zu halten hat. In der Verordnung der OÖ-Landesregierung … über die Brauchbarkeit von Jagdhunden, ist festgelegt, dass der OÖ-Landesjagdverband Jagdhunde auf deren Brauchbarkeit zu prüfen hat: Dies ist die Brauchbarkeitsprüfung für Jagdhunde."

► Quelle: www.ooeljv.at

Zwischen Österreich und Deutschland besteht bei vielen Jagdhundeverbänden und auch zwischen den Dachorganisationen ein reger Austausch.

► www.oejgv.at/informationsaustausch-oejgv-und-jghv-e-v/

SCHWEIZ

Arbeitsgemeinschaft für das Jagdhundewesen (AGJ)

Die übergeordnete Organisation des Jagdhundewesens in der Schweiz „fördert durch Zusammenarbeit mit den Behörden, jagdlichen Vereinigungen und Organisationen die Erziehung, Ausbildung und Prüfung von Jagdhunden. Der AGJ obliegt die Ausarbeitung von Rahmenbestimmungen, Reglementen und nationalen Prüfungsordnungen sowie die Überwachung des Leistungsrichter- und Prüfungswesen sowie der Homologierung des Titels eines Schweizer Jagd-Gebrauchs-Siegers (CACT)."

Unter „Mitglieder" werden die Verbände bzw. Clubs der verschiedenen Jagdhunderassen aufgelistet, aber auch Jagdkynologische Organisationen, Interessengemeinschaften und angeschlossene kantonale Jägervereinigungen.

► Quelle: www.ag-jagdhunde.ch

In der Schweiz dürfen nur Schweißhunde eingesetzt werden, die je nach Kanton verlangte Prüfungen nach Vorgabe der TKJ abgelegt haben; der Schweizerische Schweißhund-Club bietet sowohl die Vorprüfung als auch die erschwerte 1000-Meter-Fährte an. Bei beiden Prüfungen handelt es sich um Kunstfährten. Es besteht die Möglichkeit, auch eine Hauptprüfung (Naturfährte) durch Aufgebot eines Leistungsrichters abzulegen. Solche Prüfungen fallen im Jagdbetrieb an.

► Quelle: www.schweisshundclub.ch/ bzw. www.schweizer-jagdblog.ch/interessantes-zu-jagd-und-wild/jagdhunde

Im Kanton Schwyz beispielsweise organisiert die Nachsucheorganisation (NAORG) den Schweißhundepikettdienst während der Hoch- und Niederwildjagd im ganzen

Kantonsgebiet. Nachsuchen werden über die im Gebiet zuständigen Wildhüter oder die Polizeizentrale organisiert.

► Quelle: www.schwyzer-jagd.ch/nachsuche

„Ein guter Jäger macht einen guten Hund und ein guter Hund einen guten Jäger!“